발로 읽는 유럽 문화 탐방

발로 읽는 유럽 문화 탐방

초판 1쇄 인쇄 2012년 06월 25일
초판 1쇄 발행 2012년 07월 02일

지은이 | 서승호
펴낸이 | 손형국
펴낸곳 | (주)에세이퍼블리싱
출판등록 | 2004. 12. 1(제2011-77호)
주소 | 153-786 서울시 금천구 가산동 371-28 우림라이온스밸리 C동 101호
홈페이지 | www.book.co.kr
전화번호 | (02)2026-5777
팩스 | (02)2026-5747

ISBN 978-89-6023-917-3 03980

에세이 작가 총서 423

발로 읽는
유럽 문화 탐방

서유럽 4개국편
영국·프랑스·이탈리아·바티칸시국

서승호 지음

나는 1년에 여러 차례 학생들과 전세계 유적지를 탐방하고 있다. 세계사의 발원지에서 학생들과 문화와 역사에 관해 생생하게 현장 수업을 하고 있는 셈이다.

내가 이 책을 쓰게 된 동기는 나의 직업(교사)과 무관치 않다. 많은 사람들이 유럽을 다녀오지만 '세상 구경'에 그치고 마는 것이 안타까워 무엇인가 배우고 경험할 수 있는 나름의 학습방법을 알려주고 싶었다. 배우는 학생들에게 교사가 직접 현장에서 쓴 책보다 더 나은 학습방법이 어디에 있겠는가.

일본의 최고부자인 손정의 씨는 이렇게 말했다.

"책 읽기는 유일무이한 무기이자 의지할 방패입니다. 책읽기는 하면 좋은 것이 아니라 자신을 차별화하고 리더영역에 들어가기 위해서 반드시 실행해야만 하는 생존전략입니다. 책을 읽지 않으면 남에게 부려지는 일만 하게 되기 때문입니다."

내 책이 학생들에게 살아가면서 방패가 되었으면 하는 바람이다.

요즘 유럽여행은 예전의 패키지 방식에서 자유여행으로 추세가 바뀌고 있다. 과거와는 달리 교통이 크게 발달한 덕분에 혼자서 구석구석을 자유롭게 다니면서 느끼고 배울 수 있기 때문이다. 하지만 대부분의 유럽여행 초행자들은 교통과 숙소정보에만 치중해 정작 보고 느껴야 할 문화재나 유적지 앞에서는 인터넷이나 여행가이드북에 나오는 단편적인 내용만 보고 돌아가는 경우가 많다는 아쉬움을 절실히 느낀다.

오랫동안 많은 학생들을 인솔해 해외문화탐방을 하면서 쓸 만한 자료가 무척 부족하다는 생각을 하게 되었다. 유럽의 문화재와 유적지를 보면서 당시 그들의 삶과 문화 그리고 그들의 철학에 대해 학생들에게 보다 많은 이야기들을 들려주고 싶었지만 그런 자료들이 많지 않아 아쉬웠다. 혹은 아주 어려운 내용들의 나열로 인해 보다 쉽고 재미있게 책을 읽어보고자 하는 학생들에게 부담으로 다가간 것도 사실이다.

그래서 비록 능력이 부족하지만, 심혈을 다해 이 책을 만들었다. 이 책은 대다수 유럽여행기가 단순한 유적지 설명에 지면을 할애하고 있는

것과는 달리, 유적지를 통해서 유추해본 세계사의 전반적인 흐름과 당대의 역사적 인물들의 활약상을 입체적으로 연결해 살펴본 것이 나름의 특징이다.

"공부는 숨을 쉬는 것과 같다. 숨은 한꺼번에 쉬거나 멈추는 게 아닌 것처럼 공부도 마찬가지다. 공부의 길로 들어섰다면 삶의 일부로 받아들여야 한다."

서울대 교수이자 안철수 서울대융합기술대학원장의 부인인 김미경 씨의 말이다. 한때 '공부의 신(神)' 소리를 들었다는 그녀지만 "학문의 깊이에서는 아직도 멀었다."면서 "사랑도 학문도 융합해야 성공한다." 며 학제 간, 사회 여러 분야 간의 융합의 필요성을 역설한다.

이 책을 읽고 유럽여행을 간다면 나들이 관광이 아니라 아주 많은 '지식의 샘'을 파게 될 것이고 유럽을 가지 않더라도 세계사를 이해하는 데 소소한 도움이 되리라 확신한다.

　끝으로 이 책은 주요 유적지에 대한 역사적 사실과 숨은 뒷이야기에 적지 않은 지면을 할애했으며, 배낭여행을 하면서 얻게 된 대중교통 티켓이나 입장권, 영수증 등을 붙여서 나만의 소중한 개인 해외여행 자료집을 꾸밀 수 있도록 안내했다. 독자의 기록과 흔적들로 많은 시간이 흘러도 그 무엇과도 바꿀 수 없는 소중한 책으로 거듭나길 바란다.

2012년 6월 초여름
서 승 호

Contents

★ **수도** : 런던(London)

★ **면적** : 244,820㎢의 브리튼과 아일랜드 두 개의 큰 섬으로 되어 있음.

★ **위치** : 유럽 대륙 서북쪽, 대서양에 떠 있는 섬나라

★ **인구** : 약 6,110만명.
　　　잉글랜드-83.1%, 스코틀랜드-9.2%, 웨일즈-5%, 북아일랜드-6.7% 거주

★ **인종** : 잉글랜드지방→앵글로색슨족, 스코틀랜드→켈트족

★ **종교** : 잉글랜드와 웨일즈에서는 영국국교회, 스코틀랜드에서는 기독교가 우세

★ **언어** : 공용어는 영어.
　　　스코틀랜드에서는 갈릭어, 웨일즈에서는 웰시어가 같이 사용

★ **시차** : 한국이 9시간 빠름(서머타임인 4월에서 10월까지는 8시간차)

★ **기후** : 여름철 평균기온은 16~17℃, 겨울철 5℃전후
　　　연 강수량은 많지 않지만, 변덕스럽고 흐린날이 많고 지나가는 비가 자주
　　　내리므로 항상 방수코트나 우산을 준비

★ **통화** : 파운드(£)를 사용
　　　지폐는 £5, £10, £20, £50
　　　동전은 종류별로 1p, 2p, 5p, 10p, 20p, 50p, £1, £2
　　　20(　)년 (　)월 기준 1파운드 = (　　)원

★ **전기** : 영국은 230V를 정하였으며, 240V도 정상적으로 작동.
　　　플러그에 3PIN을 사용하므로 컨버터 필요.

★ **전화** : 시내 기본 통화료는 10p이며, 동전, 전화카드, 신용카드도 사용 가능.
　　　동전은 10p, 20p, 50p, £1짜리를 이용할 수 있으며,
　　　전화카드는 £3, 5, 10, 20등 다양한 종류 구입가능.
　　　한국으로 콜렉트콜 번호 080-089-0082 누른 후 한국어 안내방송
　　　에 따라 진행

★ **물가** : 유럽에서도 북유럽, 스위스와 더불어 가장 비싸기로 유명.

찬란한 대영제국의
영광을 간직한 나라
영국

내가 만드는 나만의 유럽여행 자료집

유럽여행을 하면서 얻게 된 팸플릿, 지하철과 열차 티켓, 지하철 노선도, 입장권, 영수증 등을 붙여 설명과
날짜 등을 이곳에 적어 놓으면 나만의 소중한 유럽여행자료집이 됩니다.

버킹엄 궁전

가는 길

지하철 Green Park 역에서 버킹엄 궁전 방향으로 나오면 이정표가 보인다. 그린 파크를 가로질러서 3~5분 정도 걸어가면 버킹엄 궁전 발견!

그린파크 역에서 내려 버킹엄 궁전 이정표를 따라 나온 뒤 그린파크 로 가로질러 가자. 드넓은 잔디밭에 삼삼오오 모여 있는 영국인들을 보게 될 것이고 우리를 반겨주는 다람쥐와 청설모, 기타 여러 새들도 만나게 된다. 만약 여름에 이곳에 가게 된다면 공원 곳곳에 접이식 의 자가 놓여있는 것을 볼 수 있을 것이다. 런던의 따스한 햇살을 느껴보 고자 그 의자에 앉으면 어디에선가 관리인이 나타나서 요금을 징수하 니 주의하도록 하자. 요금을 내고 의자에 앉길 원한다면 할 수 없지만 그게 아니라면 주변에 있는 벤치를 이용하는 것이 낫다.

그린파크의 풍경을 안고 계속 가로질러 출구 쪽으로 나가다보면 황 금색 문이 보이고 길을 건너면 바로 버킹엄 궁전이 눈앞에 보인다. 영 국에서는 자동차의 진행방향이 우리나라와 다르기 때문에 우리나라 와는 반대방향으로 미리 차가 오는지 확인해야 한다. 도로 바닥에 보 면 'LOOK RIGHT'라고 적혀 있는데 이러한 이유 때문이다. 신호등이 있지만 조심하면서 길을 건넌 후 가장 먼저 버킹엄 궁전 위에 있는 깃 발을 확인해보자.

궁전 위에는 항상 깃발이 걸려있는데 이 깃발의 종류에 따라서 현재 여왕이 이곳에 있는지 아니면 다른 곳으로 갔는지 여부를 알 수 있다. 여왕이 이곳에 있다면 영국왕실깃발인 '로열스탠더드 깃발'이 걸려있고 여왕이 다른 곳으로 갔다면 영국 국기인 '유니언 잭'이 걸려있다. 필자가 학생들을 데리고 유럽탐방을 갈 때 항상 이곳에서 질문을 하는데 대부분의 학생들은 유니언 잭이 걸려있으면 여왕이 이곳에 있다고 생각하고 오답을 이야기하는데 헛갈리지 말자. 로열스탠더드 깃발과 유니언 잭이다.

그리고 만약 오전 11시경에 버킹엄 궁전에 도착한다면 아주 유명한 근위병교대식을 볼 수 있다. 4월부터 7월까지는 매일 11시 30분에 진행하지만 나머지 시즌에는 격일로 진행되니 미리 버킹엄 궁전 홈페이지에 들어가서 본인이 버킹엄 궁전에 가는 날짜에 근위병교대식을 하는지 여부를 확인해야 놓치는 실수를 하지 않게 된다. 근위병 교대식이 시작되면 많은 사람들이 모여들어 인산인해를 이루게 되기 때문에 좋은 자리를 차지하지 않으면 근위병들이 지나가는 장면을 못 보게 될 수도 있다. 개인적으로는 오른쪽 길가가 들어오고 나가는 근위병들을 보기에 가장 좋은 자리인 것 같으니 한번 그곳에서 근위병교대식을 감상해보길 바란다.

곰털 모자가 인상적인 버킹엄 궁전의 근위병들의 모자는 캐나다산 갈색 불곰의 털가죽을 수입해 검게 염색해서 사용해 왔는데 그것 때문에 동물애호단체에서는 거센 항의를 하게 되고 '영국의 전통을 버릴 수 없다! 예전 것을 수리해서 사용하는 것이다!'라고 버텼던 영국정부는 계속된 압박에 지금 아주 고심이 큰 상황이다. 사실 이 곰털 모자는 워털루 전쟁에서 나폴레옹의 군대를 격파한 공로로 승리와 명예의 상징으로 머리에 쓰고 있는 것이다. 과연 이 곰털 모자가 동물윤리단

체인 PETA의 요구대로 합성섬유로 교체될 지 여부는 두고봐야 할 것 같다.

이제 버킹엄 궁전에 대해 알아보자. 트라팔가 광장의 서남쪽에 위치한 영국 입헌군주 정치의 중심인 버킹엄 궁전은 프랑스의 루이 14세가 만든 베르사유 궁전이나 오스트리아의 마리아 테레지아의 쉰브룬 궁전에 비하면 화려하지도 않고 크기 역시 아담하지만 현재까지 입헌군주제를 이어가고 있는 영국 여왕의 런던 공식거주지로서 당당한 모습을 풍기고 있다. 1703년 버킹엄 공작 셰필드의 런던사택으로 지어졌으며 단순한 벽돌건물이었던 이 저택을 1762년 조지3세가 자신의 왕비 샤를로트를 위해 사들이면서 왕족들이 거주하는 여러 저택 중 하나로 지정되게 되었다. 그 후 조지 4세가 당대 최고의 건축가였던 존 내쉬를 고용해 구 저택 주위로 새로운 건물을 짓도록 명령을 내렸다. 존 내쉬는 벽돌저택이었던 버킹엄 저택의 외관을 바스산 석재로 장식하고, 정문을 따로 설치하였으며 버킹엄저택은 네오클래식 양식의 궁전으로 거듭나게 되었다. 버킹엄 궁전은 1837년 빅토리아 여왕에 의해 처음으로 왕족의 런던 거주지로 지정되었다. 또한 버킹엄 궁전의 바깥담 금빛장식과 중후한 철문의 부조는 궁전에 어울리는 분위기를 자아내고 있다.

버킹엄 궁전은 1993년 처음으로 대중에게 공개되었고 렘브란트, 루벤스, 카나레또 등의 작품이 포함된 대규모의 왕실 소장품을 전시하는 왕실 미술관 Queen's Gallery를 관람할 수 있는데 이것은 화재가 난 윈저 성 재건기금 마련을 위한 것이다.

버킹엄 궁전을 처음으로 왕궁으로 사용한 빅토리아 여왕은 1837년 18세의 어린나이로 왕위에 올랐다. 당시 사회 분위기는 빅토리아 여왕

즉위 전 120여 년 동안 영국을 다스려 온 독일계 하노버왕가의 방탕함과 영국의 의회주의에 대한 전통을 이해하지 못한 점 때문에 하노버왕가에 대한 영국국민들의 불신은 매우 높았다. 때문에 빅토리아 여왕은 왕실에 불만을 품고 있는 국민들의 신임을 얻기 위해 부단히 노력했다. 그리고 3년 후 독일에서 온 앨버트공과 결혼했는데 여왕의 어머니는 독일인이었고 앨버트에게는 고모였다. 따라서 외숙부의 아들과 결혼을 하게 된 것이다. 여왕은 앨버트공과 접견한 후 결혼하겠다는 뜻을 수상에게 통보하고 다음날이자 접견한 지 5일 만에 앨버트공에게 청혼했다. 앨버트공이 승낙하자 다음해에 결혼식을 올리게 되고 그날 빅토리아 여왕은 흰 옷을 입었는데 결혼식 날 신부가 흰 드레스를 입는 것은 빅토리아 여왕으로부터 유래되었다. 사실 처음 앨버트공이 빅토리아 여왕의 남편이 된다고 했을 때 대다수의 영국 사람들은 독일인인 그에게 호의를 베풀지 않았다. 크림전쟁이 일어났을 때는 국가 기밀을 빼돌렸다는 혐의를 받기도 했으며 국가반역죄로 런던탑에 감금되었다는 신문기사가 실린 적도 있었다. 그러나 어느 날 부부가 타고 가던 마차에 테러가 일어났고 그 때 앨버트공이 몸을 덮쳐 여왕을 보호하는 것을 본 영국인들은 감동을 받게 되었고 추후 그의 자녀가 성인이 되기 전에 즉위하게 되면 섭정할 수 있도록 의결하였다. 또한 앨버트공이 기획, 추진한 1851년의 런던 대박람회가 하이드파크 안에 앨버트공이 지은 수정궁에서 5월 1일부터 141일 동안 열렸는데 6백만 명이 넘는 관광객을 동원하며 대성공을 이루었다. 빅토리아 여왕은 개막식 연설에서 "이 날은 내 생애를 통틀어 진정 영원히 살고 싶은 하루였다."라고 할 정도로 매우 기뻐했고 남편이 만들어낸 최대의 성과물인 수정궁을 무척 아끼고 사랑하였다.

빅토리아 여왕은 64년의 재위기간 중 7번의 테러를 받았지만 타고 다니는 마차에 방탄덮개를 씌우는 것도 거부하고 발코니에도 당당하게 그냥 나아갈 정도로 대범했다. 무엇보다 빅토리아 여왕은 자신의 의견이 의회와 다를 경우에는 언제나 자신의 의견을 접고 양보할 정도로 현명했으며 국가는 국민의 뜻에 의해서 통치되어야 한다는 것을 잘 알고 있는 현명한 군주였다. 이러한 현명하고 대범한 여왕에게 앨버트공은 서로 성격은 판이하게 달랐지만 정책에 관해 모든 것을 상의하는 멘토였고 존경과 신뢰의 대상이었다. 하지만 앨버트는 선천적으로 몸이 약했고 나이가 들면서 멋진 용모 역시 급격하게 망가졌다. 어느 날...... 아들인 에드워드 7세가 복잡한 여자관계와 여배우와의 스캔들 때문에 빅토리아여왕과 다투고 학교로 돌아가자 앨버트공은 아들을 설득하기위해 학교로 찾아갔다. 선천적으로 몸이 약한 앨버트공은 비를 맞고 감기에 걸려 결국 장티푸스로 42세의 젊은 나이에 사망하게 되었다. 이로 인해 여왕은 평생 아들은 원망하고 죽을 때까지 용서하지 않았다고 한다.

너무나도 사랑했던 앨버트공을 잃은 충격은 여왕을 강타했고 여왕은 깊은 절망에 빠졌다. 여왕은 머리맡에 앨버트공의 사진을 걸어놓고 잘 때는 그의 외투를 덮고 그의 실내복을 안고 잠에 들었다. 약 40여 년 동안 빅토리아 여왕은 앨버트공을 그리워했고 시녀들은 존재하지 않은 앨버트공을 위해 의상을 준비하고 세면할 물을 갈았다. 항상 검은 상복을 입고 생활하던 여왕은 1901년 81세의 나이로 죽기 전 새 신부처럼 흰옷을 입길 원했고 흰옷을 입고 앨버트공을 비롯한 가족사진과 함께 관에 들어갔다.

버킹엄 궁전 앞 광장에는 금빛 천사를 조각해 놓은 빅토리아 여왕의 기념비가 있는데 여왕의 석상크기는 약 4m이고 꼭대기에 있는 금빛 천사는 한손을 높이 들고 여왕의 위대함을 알리고 있다. 높이가 약 20m에 달하는 이 기념비는 빅토리아 여왕 당시의 이상을 구현하기 위한 목적으로 세워졌다.

● 빅토리아 여왕과 관련된 세계사 뒷이야기

빅토리아 여왕과 앨버트공의 인품

18세의 젊은 나이에 왕위에 오른 빅토리아 여왕은 3년 후 외사촌이자 독일출신인 앨버트공과 결혼했다. 보수적인 성격의 빅토리아 여왕과 진보적인 성격의 앨버트공은 서로 성격은 정반대였지만 앨버트공의 조심스러우면서도 적절한 충고는 빅토리아 여왕에게 큰 도움이 되었다.

이 두 사람에 관한 유명한 에피소드는 다음과 같다. 말다툼을 하고 기분이 상한 앨버트공은 서재로 들어가게 된다. 그 서재의 문을 여왕이 두드렸다.

"누구시오?"

남편의 목소리에 여왕은 대답했다.

"여왕이오."

그러나 안에서는 아무런 대답이 없었다. 또 다시 노크를 했다.

"누구시오?"

"여왕이오."

역시 안에서는 묵묵부답. 이렇게 몇 번의 노크와 대답이 오고간 후 여왕은 이렇게 말했다.

"당신의 아내입니다."

그제야 문이 열렸다. 아무리 높은 여왕이지만 여왕에게 앨버트공은 자신의 의지를 분명히 하였고 여왕 역시 그녀의 가정적인 인품의 일단을 엿볼 수 있다. 앨버트공과 빅토리아 여왕은 9명의 자녀를 두었으며 그들의 모범적인 가정생활은 영국 국민들의 귀감이 되었다.

빅토리아 여왕의 초상이 인쇄된 세계 최초의 우표

세계 최초의 우표는 1840년 5월 6일 영국의 로랜드 힐이 발행하였다. 1페니와 2펜스짜리 두 종류였는데, 빅토리아 여왕의 초상이 인쇄되어 있었다. 당시에는 편지를 받는 사람이 우편요금을 부담했고 거리별, 무게별로 요금이 달랐기 때문에 매우 혼잡했었다. 이때 교육자이자 세금개혁가였던 로랜드 힐이 우편제도 개혁을 실시하였고 빅토리아 여왕의 서명을 받아 발효되었다. 붙이는 우표에 대한 아이디어를 구상해낸 사람은 스코틀랜드의 한 책방과 인쇄소의 주인이었던 제임스 찰머즈였고 그의 제안에 따라 로랜드 힐이 5월 6일 1페니짜리 '페니블랙 원페니' 를 발행했고 이틀 후인 5월 8일에는 청색을 띄고 있는 2펜스짜리 '펜스블루 투펜스' 가 발행되었다.

국회의사당과 빅벤

가는 길
지하철 Westminster 역에서 내려 'House of Parliament' 방향으로 나가면
국회의사당과 빅벤을 볼 수 있다. 웨스트민스터 역 출구 중 어느 곳으로 나가더라
도 쉽게 국회의사당과 빅벤을 찾을 수 있다

    지하철 웨스트민스터 역에 내려서 우선 템즈강 방향으로 나가자.
웨스트민스터 브릿지에서 템즈강을 등지고 보면 국회의사당과 빅벤
을 한꺼번에 볼 수 있는데 아주 장관이다. 필자는 보통 이곳에서 학생
들에게 국회의사당과 빅벤 그리고 아래 흐르는 템즈강에 대해서 강의
를 한다. 템즈강 뿐만 아니라 유럽에 있는 강들을 보면 '우리나라 서울
에 있는 한강이 정말 멋있구나.'라는 것을 느낄 수 있다. 웨스트민스터
다리를 등지고 정면에는 국회의사당 오른편에는 빅벤이 있고 다리 건
너 왼편에는 성 토마스 병원이 있는데 이곳은 백의의 천사 나이팅게일
이 근무했던 병원이며 간호사양성소를 세운 병원이기도 하다. 다리에
서 국회의사당을 바라보면 국회의사당 왼편에 조그만 발코니가 있는
데 윗 지붕의 색에 따라서 적색 지붕아래에는 상원의원이, 녹색 지붕아
래에는 하원의원이 휴식을 취하고 차를 마시는 장소이다. 위 두 색깔은
영국 의회의 의자색깔을 나타내며 웨스트민스터 다리의 색 역시 하원
의원을 상징하는 녹색이며 반대편의 램버스 다리는 상원의원을 상징하
는 적색이다.

이제 본격적으로 국회의사당에 대해서 공부해보자. 국회의사당은 화이트홀이 끝나는 템즈강가에 있으며 뾰족한 고딕양식의 건물로 영국정치의 산실이며 의회 민주주의의 전당이다. 1090년에 처음 만들어진 후 1275년 처음으로 에드워드 1세에 의해 이곳에서 의회가 열리게 되었으며 그 후 헨리 8세가 화이트 홀로 이주하기 전까지 이곳은 웨스트민스터 궁전으로 불리며 왕궁으로 사용되었으나 1834년 대 화재로 웨스트민스터 홀만 남기고 전소된 이후 건축가 찰스 베리 경의 설계로 3만㎡의 부지 위에 재건되기 시작해 1860년 완공되어 현재는 국회의사당으로 사용하고 있다. 건물 정면의 길이가 300m가 넘고, 1천 개 이상의 방을 갖추고 있으며 남쪽 부분은 상원, 북쪽 부분은 하원이 자리 잡고 있다. 의사당 꼭대기 조그만 방에 불이 켜져 있으면 '의회중'이라는 것을 나타내며 원래는 일반인에게 공개하였으나 폭탄테러 이후 입장이 금지되었다. 국회 회기 중에는 방청 형식으로 입장이 허용되기도 한다. 또한 국회의사당은 야경이 특히 아름답다.

빅벤은 1859년에 완성된 거대한 시계탑으로 런던의 랜드마크라고 해도 과언이 아닐 정도로 아주 유명한 건축물이다. 언제 보아도 멋진 모습을 자랑하는 빅벤은 '크다'라는 뜻의 Big과 빅벤을 설계하고 공사담당자였던 '벤자민 홀' 경의 애칭인 Ben을 합친 복합어이다. 높이 98m, 시계 숫자의 크기 60㎝, 시침의 길이 2.9m, 분침의 길이 4.2m, 종의 무게는 13.5톤에 달하고 4면 시계의 지름은 7m가 넘는다. 하지만 이 종은 너무 무거운 나머지 첫 타종을 하자마자 미세한 금이 가 정확한 시간에서 약간의 오차를 보이자 수리를 해야만 했다. 15분마다 울리는 빅벤의 시계는 정확한 것으로 명성을 얻고 있어 런던시민은 물론, 런던을 방문하는 사람들도 빅벤의 종소리를 듣고 시간을 맞추곤 한다. 또한 빅벤은 아직도 손으로 직접 태엽을 감아서 작동하고 있으며 이것만 관리하는 시계지기를 두고 있다. 이 시계지기 역시 아주 높은 자부심으로 일하고 있으며 가업으로 물려주곤 한다.

빅벤을 지나 국회의사당 뒤쪽으로 건물을 돌아가다 사거리를 지나다보면 아주 유명한 영국의 수상인 윈스턴 처칠을 만나게 되는데 윈스턴 처칠은 사망 이후 이 위치에 자신의 동상을 세우는 것을 매우 싫어했다. 그 이유는 죽어서도 국회는 쳐다보기도 싫었고 동상 위에 비둘기들이 앉아서 똥을 누는 것을 싫어했기 때문이다. 그래서 윈스턴 처칠의 동상은 유일하게 머리에 열선을 깔아서 비둘기들이 앉지 못하도록 장치를 장착하였다.

다시 길을 걸어서 국회의사당 뒤쪽으로 가게 되면 건물 앞에 당당한 모습으로 한 손에는 칼을 들고 한 손에는 성경을 들고 우뚝 서 있는 한 사람의 동상을 찾을 수 있는데 19세기 말 로즈버리 총리가 만든 것으로 이 동상의 주인공이 바로 청교도혁명의 주역 올리버 크롬웰이다.

때는 바야흐로 찰스 1세 시절… 영국의 절대군주 엘리자베스 1세는 후사를 남기지 않고 사망하였기 때문에 영국의 왕위는 스코틀랜드의 스튜어트 왕가로 넘어가게 되었다. 스튜어트 왕가의 제임스 1세는 왕위를 계승하면서 왕권신수설을 신봉하였다. (왕권신수설은 왕의 권력은 신으로부터 부여받은 것이라는 것으로 절대왕정 시대 때 유행했던 사상이었다.) 그로인해 의회를 존중했던 영국과 조금씩 보이지 않는 마찰이 일어나게 되었고 제임스 1세의 뒤를 이어 찰스 1세가 왕위를 계승했다. 찰스 1세 역시 왕권신수설을 신봉하였으며 강력한 왕권을 희망하였다. 하지만 의회가 거세게 반발하자 화가 난 찰스 1세는 의회 자체를 해산시켜 버렸고 그 후 11년 동안 찰스 1세 마음대로 나라를 통치하였다. 또한 영국의 청교도들을 박해하는 법률을 만들었고 그에 반발한 많은 청교도인들은 북아메리카의 식민지로 떠나게 되었다. 하지만 11년이 지나고 찰스 1세의 고향인 스코틀랜드에서 반란이 일어나자 반란을 진압할 군대와 돈이 필요한 왕은 의회를 다시 소집하게 되었다. 찰스 1세는 의회에게 돈을 요구했지만 이미 혁명분위기로 가득 찬 의회는 왕의 명령을 따르지 않았다. 이에 격분한 찰스 1세는 또 다시 의회를 해산하려고 하였으나 의회는 오히려 회의가 열리는 회기를 8년 동안 끌고 가면서 찰스 1세에게 맞서 대항하였다. 그래서 이 의회는 '장기 의회'로 불리게 되었다. 장기 의회는 우선 찰스 1세의 권력을 제한할 수 있는 법률을 제정했고 의회의 모습을 보고 있던 찰스 1세는 리더 격이었던 5명의 의원들을 체포하기 위해 5백 명의 근위대를 끌고 직접 의회로 난입했다. 하지만 그 의원들은 이미 다른 도시로 몸을 피했고 찰스 1세의 의회난입 사건은 이전보다 더 많은 사람들에게 불만을 주게 되면서 걷잡을 수 없는 사태에까지 이르게 되었다. 결국 찰스 1세는 옥스퍼드로 몸을 피했고 런던은 청교도의원들이 장악하게 되었다. 영국 전체가 왕을 지지하는 기사당인 왕당파와 의회를 지지하는 라운즈헤즈인 의회파로 나뉘게 되었다. 6년 동안 계속된 왕당파와 의회파의 싸움은 처음에는 왕당파의 우세 속에서 계속되었으나 칼뱅교도인 올리버 크롬웰이 철기병대를 조직하였다. 크롬웰이 이끄는 철기병대는 마스틴 무어라는 곳에서 찰스 1세의 군대와 맞붙게 되었는데 종교의 자유를 약속받은 스코틀랜드 사람들이 의회파에 합류해 크롬웰을 도우면서 결국 찰스 1세의 군대는 패배하고 몇 달 동안 숨어 다니던 찰스 1세는 결국 항복하면서 왕의 시대는 가고 올리버 크롬웰의 시대가 오게 되었다.

하지만 감옥에서도 줄기차게 자신의 지지자들에게 다시 왕위에 복귀시켜달라고 애원하는 찰스 1세를 보면서 올리버 크롬웰은 불안하기 시작했고 고민을 하던 크롬웰은 찰스 1세의 독재를 영원히 끝내고자 찰스 1세를 동정하던 의원들을 모두 내몰았고 국가반란죄로 찰스 1세를 기소하여 법의 재판을 받게 하였다. 재판 당일 찰스 1세는 사형을 선고받게 되었고 그로부터 사흘 후 찰스 1세는 회자수(사형집행인)의 도끼날 아래 처형되면서 청교도 혁명은 끝나게 되었다.

이제 올리버 크롬웰은 영국에서 가장 강력한 권력자가 되었다. 영국은 더 이상 군주의 국가가 아니라 의회가 제정한 법에 의해 다스려지는 공화국이 된 것이다. 하지만 기존의 사법제도를 개혁하는 일이 순조롭지 않았고 결국 크롬웰 역시 찰스 1세와 마찬가지로 무력으로 의회를 제압하여 자신의 뜻에 순종하는 사람들도 의회를 다시 구성하게 되었다.

스스로 호국경의 자리에 오른 크롬웰은 의회를 해산할 권력도 영국을 마음대로 지배할 수 있는 권력도 가지게 된 것이다. 또한 독실한 청교도신자였던 크롬웰은 그가 믿는 청교도의 신념을 나라의 법으로 삼아 카드놀이 금지, 연극 공연 금지, 음주 금지, 노래는 오직 찬송가만 가능하게 만들면서 크롬웰 역시 점차 영국국민들의 신임을 잃게 되었다.

크롬웰은 오랫동안 전쟁을 하면서 얻은 상처들과 말라리아까지 발병해 결국 시름시름 앓다가 죽게 되고 그의 아들 리처드가 뒤를 이어 호국경에 오르게 되었다. 하지만 이제 영국 국민들은 군주사회와 별반 다른 것도 없고 온갖 제약만 가득한 공화제에 불만을 품고 크롬웰의 철기병대에 쫓겨가 프랑스에 숨어살고 있는 찰스 1세의 아들을 다시 영국으로 불러들여 그가 왕위에 올라 찰스 2세가 되면서 영국은 공화국이 끝나고 다시 왕정이 복고되게 되었다.

웨스트민스터 사원

가는 길

지하철 Westminster 역에서 하차하여 국회의사당과 빅벤을 본 후 뒤쪽으로 오면 올리버 크롬웰 동상을 볼 수 있는데 동상 앞에서 길을 건너 직진하면 사원을 만날 수 있다.

국회의사당에서 영국 의회에 대해서 공부한 후 올리버 크롬웰 동상 앞에 있는 횡단보도를 지나면 바로 웨스트민스터 사원(Westminster Abbey)에 관한 안내판을 확인할 수 있다. 그 길로 약 1~2분 정도 직진하면 웨스트민스터 사원을 만날 수 있는데 워낙 높아서 웨스트민스터 사원이 다 나오게 찍으면 사람이 너무 작게 나오고 사람이 크게 나오게 찍으면 웨스트민스터 사원이 잘리기 때문에 사람도 잘 나오고 사원도 모두 나오게 하려면 길 건너편에 있는 엘리자베스 2세 컨퍼런스 센터 앞에서 웨스트민스터 사원을 배경으로 찍으면 사람과 건물이 모두 잘 나온다.

웨스트민스터 사원은 1056년경 참회왕 에드워드가 지은 노르만 양식의 사원이다. 훗날 헨리 3세에 의해서 1245년 고딕양식의 대성당이 세워지게 되었고 18세기 중반에 지금의 모습을 갖추게 되었다. 1066년 에드워드가 사망한 후 윌리엄 대공이 왕위를 찬탈한 후 자신이 잉글랜드 왕의 정당한 후계자임을 나타내기 위해 이곳에서 대관식을 거행하면서 지금까지 40여 명의 영국 왕이 대관식을 올렸고 왕실의 결혼식이나 장례식 역시 현재까지도 계속 거행되고 있다. 예전 1997년 다이

애나 왕세자비의 장례식이 거행되었고 최근에는 윌리엄 왕자와 케이트 미들턴의 세기의 결혼식도 이곳에서 거행되었다.

웨스트민스터 사원 안에는 영국의 위대한 인물들의 묘소가 안장되어 있는데 1차 세계대전 당시에 전사한 무명용사의 비석을 비롯해 영국의 유명한 왕, 정치가, 군인, 학자, 사상가, 예술가, 음악가, 시인 등 당대 최고의 인물들의 시신들이 안장되어 있다. 무덤의 형태는 우리나라와는 달리 비석과 석판형태로 되어 있다.

그리고 무명용사의 비를 통과하여 안으로 더 들어가면 왕실 결혼식과 대관식이 열린 화려한 장소가 나오는데 그곳에서 영국왕의 대관식 의자를 확인해볼 수 있다. 낡고 허름하지만 그 의자가 풍기는 기운은 범상치 않다는 것을 느낄 수 있을 것이고 지금은 빠져나갔지만 영국의 왕이 앉는 의자 밑에 직육면체의 돌이 끼워져 있었다. 이 돌은 스콘석이라 불리는데 예전에는 스코틀랜드의 왕들이 이 돌 위에서 대관식을 치렀던 아주 상징성이 깊은 돌이다. 이 돌의 다른 이름은 운명의 돌이라고도 불린다. 원래 이 돌은 야곱이 광야로 가던 중 한 돌을 베개 삼아서 잠을 자는데 그 때 천사를 꿈속에서 만나게 된다. 그 때 야곱이 베고 잤던 돌이 바로 스콘석이다. 따라서 이 돌은 단순한 돌이 아닌 스코틀랜드 왕을 상징하는 상징물이었지만 1296년 에드워드 1세 때 잉글랜드가 스코틀랜드를 정복하면서 이 돌 역시 잉글랜드로 가지고 와 자기나라의 왕이 대관식을 치루는 목재의자 밑에 딱 끼워버리면서 스코틀랜드는 더 이상 정통성이 있는 왕이 나올 수 없고 동시에 잉글랜드의 왕은 스코틀랜드의 왕이 된다는 것을 은연중에 나타내도록 하였다. 스코틀랜드는 그 후에도 지속적으로 독립을 꿈꾸었고 마침내 1314년 배넉번 전투에서 승리하면서 독립을 쟁취하게 되었다. 스코틀랜드는 독립은 했지만 스콘석이 반환되어야 정통성 있는 왕권이 형성

되고 온전한 독립을 쟁취하는 것이기에 곧바로 잉글랜드에 스콘석 반환을 요구하였다. 하지만 잉글랜드는 거부하였고 스콘석 반환에 따른 문제는 계속 팽팽한 줄다리기 속에서 밀고 당기기를 계속하게 되었다. 결국 1996년 토니 블레어 정권에 의해 스콘석은 스코틀랜드로 반환되어 현재는 애든버러 성에 보관되어 있다. 스코틀랜드의 끈질긴 독립의 지가 700년 만에 스콘석 반환을 이끌어내면서 잉글랜드의 속박에서 완전히 벗어나게 되었다. 웨스트민스터 사원에서 목재 대관식 의자를 본다면 지금은 비어있지만 그 안에 있었던 스콘석을 떠올리면서 스코틀랜드인이 갈망했던 자유의 외침을 한번 떠올려보는 것은 어떨까….

런던탑과 타워브릿지

가는 길

지하철 Tower Hill 역에서 하차하여 'Tower of London'방향으로 나온 후 런던탑을 바라보고 횡단보도를 건너서 런던탑 옆으로 돌아가면 타워브릿지 발견.

런던탑은 타워힐 역에서 나오면 바로 볼 수 있다. 길을 건너면 전체를 볼 수 없기 때문에 지하철역에서 길을 건너지 말고 런던탑을 조망할 수 있도록 만들어 놓은 전망대(전망대라고 부르기에는 너무 낮다)로 올라가서 전체를 감상한 후 내려가 길을 건너 자세히 살펴봐도 좋을 것 같다.

런던탑은 1066년에 요새로 건설된 후 감옥, 병기고 등 다양한 용도로 이용되어 왔다. 특히 런던탑은 감옥으로서 명성이 높았는데 런던탑에 한번 갇히면 다시는 나오기 힘들다고 하여 당시 영국인들에게는 공포의 장소였던 곳이다. 런던탑과 연관된 역사를 살펴보면 영국의 헨리 5세와 프랑스의 샤를 6세로 거슬러 올라가게 된다. 당시 헨리 5세는 프랑스의 샤를 6세에게 자신의 고조모가 소유했던 땅을 달라고 요구하였으나 샤를 6세가 이를 거부하면서 영국과 프랑스의 관계는 악화되었고 샤를 6세의 아들인 도팽(당시에는 프랑스의 왕자를 도팽이라 불렀다. 이유는 당시 왕족들이 사용하던 문장이 돌고래문장이었기 때문이다)의 도발로 인해 영국과 프랑스는 전쟁에 이르게 되었다. 이 전쟁에서 승리한 영국은 프랑스의 샤를 6세가 사망하게 되면 헨리 5세가 프랑스의 왕이 되도록 합의하였다. 하지만 헨리 5세는 샤를 6세보다 두 달 먼저 사망하게 되었고 영국과 프랑스의 왕이 잇달아 사망하게 되자 헨리 5세의 한 살배기 아들이 영국과 프랑스의 국왕이 되는데 그가 바로 헨리 6세였다. 그 후 헨리 6세 때 영국의 왕위를 놓고 싸우는 장미전쟁을 겪게 되는데 장미전쟁은 왕실가문이었던 랭커스터 가문과 요크 가문의 전투를 말한다. 요크 가문은 하얀 장미를 랭커스터 가문은 붉은 장미를 문장으로 사용했는데 그래서 그 두 가문의 전쟁을 장미전쟁이라 부른다. 전쟁은 처음 헨리 6세의 가문이었던 랭커스터 가문이 요크 가문과의 전투에서 승리하였고, 전쟁에서 패배한 요크공작은 목이 잘린 채 성벽에 매달려지는 치욕을 겪게 되었다. 이제 헨리 6세가 다시 나라를 다스리며 왕위를 이어가고 있었지만 왕위를 노리는 요크 가문의 노력은 계속되었고 전사한 요크공작의 아들 에드워드가 군대를 일으켜 왕실을 공격해 승리하였다. 에드워드는 헨리 6세를 감옥에 가두고 스스로 왕위에 오르는데 그를 에드워드 4세라 부른다. 하지만 에드워드 4세의 결혼 문제로 인해 내부에서 분열이 생기게 되었고 국왕에 불만을 품은 귀족들이 감옥에 갇혀 있던 헨리 6세를 구출해 다시 왕으로 옹립시켰다. 왕위에서 쫓겨난 에드워드 4세는 나라 밖에서 다시 전열을 가다듬고 쳐들어와서 헨리 6세를 몰아내고 확실한 영국의 왕이 되었다.

세월이 흘러 에드워드 4세가 사망하고 난 후 왕위는 그의 첫째 아들이 물려받아 에드워드 5세가 되었다. 하지만 이제 나이가 겨우 12살밖에 되지 않아서 에드워드 4세의 동생이자 현재 국왕의 삼촌이었던 리처드가 대신 섭정을 해주게 되었다. 리처드는 처음에는 에드워드 5세를 잘 보필하면서 국정운영을 하였지만 욕심과 야망이 많은 사람이었기에 결국 에드워드 5세를 폐위시키고 자신이 왕위에 올라 리처드 3세가 되어버렸다. 그리고 자신의 조카이자 전 왕이었던 에드워드 5세와 그의 동생 리처드 왕자를 런던탑에 가둬 버렸다.(명목상으로는 가문 계

아니고 그 안에서 보호받으면서 생활하라고 하였다. 하지만 얼마 후 두 왕자는 살해된다.)

하지만 악인은 오래 못가는 법… 보즈워스 전투에서 헨리 튜더에게 패하고 전사하면서 영국은 새로운 왕조가 생기게 되었다. 그 때 리처드 3세를 죽이고 왕위에 오른 사람이 바로 헨리 7세이다. 헨리 7세는 영국의 부강과 원만한 왕위계승을 위해 자신의 첫째 아들인 아서를 스페인의 공주 캐서린과 혼인을 시켰다. 하지만 아서가 결혼한 지 얼마 지나지 않아서 열병에 걸려 죽게 되자 헨리 7세는 아서의 부인이었던 캐서린을 아서의 동생이자 헨리 7세의 둘째 아들이었던 해리와 결혼하도록 하였다. 결국 해리는 왕위에 오르고 2개월 후 캐서린과 결혼하게 된다. 이 해리가 바로 유명한 헨리 8세이다. 그리고 캐서린은 헨리 8세의 첫 번째 부인이다.

당시 많은 영국인들은 아주 간절히 왕위를 계승할 왕자를 원하고 기다렸다. 하지만 캐서린은 아들을 낳지 못하고 딸만 하나 낳았을 뿐이다. 당시 초조한 헨리 8세의 눈에 딱 들어온 여인이 있었으니 그녀가 바로 궁정시녀 앤 불린이었다. 헨리 8세는 캐서린과 헤어지고 앤 불린과 결혼하고 싶었으나 그러기 위해서는 교황의 허락을 받아야 하는데 교황은 당연히 허락해주지 않았다. 헨리 8세는 형수님과 결혼하는 것이 말이 되느냐… 예전에 결혼할 때 교황이 허락해 준 것은 취소해 달라고 했으나 이미 18년이라는 긴 시간동안 부부로서 함께 살아왔기 때문에 그 말 역시 교황의 허락을 받기에는 부족했다. 결국 헨리 8세는 가톨릭과 결별하고 스스로 영국 국교회를 세워 영국 국교회의 수장이 되면서 캐서린과의 이혼을 강행하였다. 그리고 새로 맞이한 앤 불린과의 결혼생활… 앤 불린이 임신하고 출산… 그러나 아들이 아니라 또 딸이었다. 나중에 한 번 더 임신하지만 유산을 하고 만다. 실망한 헨리 8세는 앤 불린을 런던탑에 감금시켰다. 결국 앤 불린은 4명의 외간 남자와 불륜을 저질렀다는 죄목으로 처형된다. 그리고 2주일 후 셋째 부인 제인 시모어와 결혼한 헨리 8세는 드디어 아들을 얻게 된다. 하지만 제인 시모어는 아들을 낳은 후 얼마 뒤 병에 걸려 사망하게 되고 넷째 부인인 클레비스의 앤은 얼마 후 이혼해 쫓겨나게 되고 다섯째 부인 캐서린 하워드 역시 런던탑에서 처형당하게 된다. 마지막으로 두 번이나 결혼한 과부이자 늙은 헨리 8세의 간병인격이었던 여섯 번째 부인인 캐서린 파만이 헨리 8세가 사망한 후에도 살아있었다. 그래서 지금도 유래 없는 여섯 부인과의 결혼 그리고 그 중 두 명을 런던탑에서 처형한 사례를 남긴 왕은 헨리 8세 뿐이었다.

헨리 8세가 사망하자 제인 시모어의 아들인 에드워드가 왕위를 계승한다. 그가 바로 에드워드 6세다. 하지만 에드워드 6세는 얼마 후 시름시름 앓다가 죽게 되고 후사가 없었기 때문에 왕위는 헨리 8세의 첫 번째 부인인 캐서린이 낳은 메리라는 공주가 계승하게 되었다. 그녀가 바로 유명한 피의 메리 여왕이다. 메리 여왕은 자신의 어머니가 쫓겨난 이유를 알고 있었기 때문에 앤 불린이 낳은 엘리자베스를 좋아할 리 없었고 결국 엘리자베스 역시 공포의 런던탑에 갇히게 된다. 메리 여왕은 헨리 8세의 영국 국교회를 불법화하고 친 가톨릭 정책을 펼치면서 메리 여왕의 종교정책에 따르지 않은 사람들을 무자비하게 처형하였다. 그래서 백성들은 메리 여왕은 'Bloody Mary' 즉 피의 메리 여왕이라고 불렀다. 메리 여왕은 스페인의 무적함대를 이끌고 있는 펠리페 2세와 결혼하면서 더욱 더 그 세력을 넓혀 갔고 반대로 런던탑 안에 갇혀있던 엘리자베스는 매일매일 공포 속에서 지내야만 했다. 언제 불려나가 목이 잘려 죽을지 모르기 때문에 늘 공포와 불안의 연속이었다. 그렇게 몇 년이 지난 어느 날 저 멀리서 왕실의 전령이 엘리자베스를 향해 달려왔다. 이제 결국 처형을 당하는 것인가? 하지만 왕실의 전령은 엘리자베스에게 다가와서 메리 여왕의 사망을 알리고 엘리자베스의 왕위계승을 전달하였다.

스페인의 펠리페 2세와 결혼한 메리 여왕은 점점 배가 불러오자 임신한 줄 알고 기뻐하였으나 그건 자궁암으로 인한 증상이었고 결국 사망하게 되어 런던탑에 있던 왕위계승 1순위 엘리자베스가 왕위를 이어받아 처녀 여왕이자 영국의 절대군주 엘리자베스 1세가 되었다.

런던탑 하나에서도 영국의 역사와 그에 따른 많은 희생이 보인다. 그것 때문인지 아름다운 야경 때문에 저녁에 가면 왠지 모를 음산한 기운이 느껴진다. 그리고 런던탑에는 하나의 전설이 전해지는데 바로 여섯 마리의 까마귀이다. 이 여섯 마리의 까마귀는 늘 런던탑 주변에 있는데 만약 이 중 하나라도 날아가 버리든지 사라지면 영국왕실이 망할 것이라는 속설 때문에 런던탑에는 늘 여섯 마리의 까마귀가 살고 있다. 만약 까마귀 한 마리가 죽게 되면 곧바로 다른 까마귀로 교체하고 이들의 날개 뼈를 부러뜨려 날아가지 못하게 해놓는다.

자… 이제 런던탑에 대해서 공부를 마쳤으면 아래로 내려온 후 지하보도를 이용하거나 횡단보도를 이용해 길을 건너보자. 런던탑은 예전에 성으로도 사용했기 때문에 중세 성의 모습을 그대로 갖추고 있다. 그리고 안으로 들어가면 당시에 쓰였던 각종 무기와 물건, 고문기구등을 볼 수 있으며 세계에서 가장 큰 다이아몬드도 볼 수 있다.

런던탑을 지나서 템즈강 쪽으로 걸어 가다보면 왼편에 아주 큰 다리 하나를 발견하게 된다. 그 다리가 바로 영국인들이 가장 사랑하는 타워브릿지이다. 1886년에 착공되어 1894년에 완공된 이 다리는 대영제국의 전성기를 구가하던 빅토리아 여왕 시대 때 템즈강을 지키던 수문장이었다. 당시에는 하루에 수많은 배들이 산업혁명의 무대였던 영국의 템즈강을 오고 갔고 타워브릿지는 하루에만 수십 번 다리를 들어 올리고 내렸으나 점점 자동차의 교통량이 늘어나고 선박의 운행이 줄어들면서 요즘은 거의 올리지 않는다. 타워브릿지의 다리가 올라가는 시간은 홈페이지에 나와 있으니 미리 확인하고 일정을 정하는 것도 좋을 것 같다. 한번 다리가 올라가는데 걸리는 시간은 약 1분 30초 정도이다. 예전에는 다리가 열리면 보행자들은 그 위로 엘리베이터를 타고 올라가서 보행자용 보도로 건너가는데 이곳에서 자살이 많이 일어나자 결국 중지하게 되었다. 다리 안으로 들어가면 타워브릿지와 관련된 기록들과 타워브릿지의 원리를 설명하는 모형을 전시해놓고 있다. 런던탑에서 타워브릿지 방향으로 내려오면 템즈강 가운데 한 전함이 정박해 있는 것을 볼 수 있는데 그 배의 이름은 HMS 벨파스트 호이다. 1938년도에 만들어졌는데 2차 세계대전 당시에 활약했던 순양함 중 유일하게 남아있는 것이다. 이 배는 우리나라의 6·25전쟁에도 참여해 약 2년 반 동안 부산, 인천 등을 누볐다. 현재는 박물관과 레스토랑으로 운영되고 있다. 벨파스트 호 옆에 번데기 모양의 특이한 건물이 있는데 현재 런던시청이다.

런던탑을 비롯한 타워브릿지나 HMS 벨파스트 호, 런던시청 모두 낮에 와서 봐도 너무너무 좋고 기억에 남지만 시간의 여유가 있다면 저녁에 한번 더 와서 야경을 감상해보자. 특히 타워브릿지의 야경은 런던에서 가장 화려하고 아름답다고 해도 과언이 아니다.

PART 1.
#05

영국 (대영) 박물관

가는 길

지하철 Holborn 역에서 내린 후 'The British Museum' 이정표를 따라서 나온 후 바로 큰 사거리에서 이정표 방향으로 길을 건너서 직진하다가 오른쪽을 바라보면 대영박물관을 볼 수 있다. 그 때 길을 건너서 박물관 방향으로 가면 된다. 지하철 역에서 약 3~5분 정도 걸어가면 된다.

대영박물관… 이렇게 부르는 나라는 우리나라와 일본밖에 없다. 아직도 문화 사대주의에 빠져있는 우리들… 아니면 백인 우월주의인가? 대영박물관을 영어로 표기해도 The British Museum이다. 영국박물관이란 말이다. 어디에도 The Great Britain이란 말은 없다. 그러니 이제 우리부터라도 사대주의적 발언인 대영박물관 대신 영국박물관이라고 불렀으면 한다.

사실 어느 나라의 문화라도 특별히 우월한 것도 특별히 열등한 것도 없다. 그 나라 문화는 그 자체만으로 존중받아야 한다. 우리가 이 책을 보면서 유럽탐방에 대한 꿈을 키우는 이유 중 하나는 유럽에 가서 그 나라의 문화와 역사에 주눅이 드는 것이 아니라 유럽의 현장 속에서 당당한 한국인으로 거듭나기 위함이라는 것을 기억해주었으면 한다. 세계 어느 곳에 가더라도 "안녕하세요!"라고 말할 수 있고 많은 외국인들이 동양인들을 보면 중국인이나 일본인이 아니라 한국인을 먼저 떠올릴 수 있는 경쟁력을 키워야 한다고 생각한다.

　영국박물관은 외과 의사이자 고고학자였던 한스 슬론경에 의해 세워졌다. 그가 사망하면서 8만점의 수집품을 기증하자 몬태규 저택을 구입하여 1759년 1월 일반인들에게 공개하였다. 그것을 시작으로 박물관이 세워지게 되었다. 그 후 점점 수집품이 늘어나게 되면서 1852년 현재의 정면 현관부가 완성되었다. 현재 영국박물관의 중앙건물은 그리스 신전을 본뜬 건물형태와 지붕아래 삼각형 틀인 안에는 신학과 예술을 뜻하는 여신 뮤즈들이 조각되어 있고 왼쪽은 신본주의, 오른쪽은 인본주의를 상징하고 있다. 기둥 역시 그리스의 건물형식인 이오니아 기둥양식의 형태를 띄고 있다. 물가가 높기로 유명한 런던에서 좋은 것 중 하나는 대부분의 국립박물관이 무료입장이라는 점이다. 이 곳 영국박물관 뿐만 아니라 필자가 학생들과 함께 가면 꼭 가는 자연사박물관이나 자연사박물관 옆에 있는 과학박물관 역시 무료입장이다. 귀족들이나 관광객들의 기부금으로 운영되고 있는데 그래서 영국박물관 안에도 기부를 종용하는 기부모금함이 있다. 그런데 우리의 정서와는 조금 다른 것이 우리는 기부를 하게 되면 기부액은 기부자가 정하기 마련인데 이곳은 최소기부액이 정해져 있다. 최소 얼마 이상은 기부해달라는 문구가 기부모금함에 적혀있는 모습이 이색적이다. 박물관 안으로 들어가면 2000년을 기념해서 만든 그레이트 코트가 있다. 유리지붕으로 되어 있는데 여름에 가도 에어컨이 없음에도 불구하고 전혀 덥지 않다. 그 이유는 천정을 덮고 있는 유리지붕이 빛은 통과시키지만 열은 반사시키기 때문이다. 또한 온도에 따라 금속이 늘어나고 줄어드는 것까지 정확히 계산해서 만들었다고 한다.

세계 3대 박물관 중 하나인 이곳을 하나하나 다 둘러본다면 하루·이틀에 볼 수 있는 것이 아니기 때문에 중요한 곳들만 보는 것도 효율적이다. 사람마다 각자 차이가 있겠지만 필자의 기준으로 하면 먼저 그리스와 파르테논관을 본 후 아시리아관을 지나서 이집트관에서 파라오상을 본 후 위로 올라가 미라를 보고 한국관에서 마무리를 하고 내려오면 약 2시간~3시간 정도 소요된다. 만약 시간의 여유가 있다면 아프리카나 중세 유럽관 혹은 그레이트 코트 가운데에 있는 도서관을 한번 방문해도 좋은 경험이 될 것 같다.

영국 박물관에서 볼 수 있는 주요 유물은 다음과 같다.

☑ 로제타스톤

　바티칸박물관에는 미켈란젤로의 천지창조와 최후의 심판이 있고 루브르박물관에는 모나리자가 있다면 영국박물관에는 단연 로제타스톤이다. 아무것도 아닌 돌덩어리가 도대체 뭐길래 그러느냐? 바로 이것이 문화탐방의 묘미이다. 예전 우리가 역사를 공부할 때는 주요사건이나 인물 혹은 시대 순으로 그저 달달달 외우기에만 급급했다. 간혹 유물이나 문화재를 공부할라치면 국보 1호가 무엇인지 보물 1호는 무엇인지 등 이런 것들을 외우는 것에만 치중했고 이것을 외워야만 역사공부를 잘하는 것으로 생각했었다. 하지만 역사는 국보 1호, 보물 1호만 중요한 것이 아니라 지방에 있는 조그만 유적지 또는 이름 없는 기와 조각이 가지고 있는 그 가치는 더 클 수 있다. 그걸 알기 위해서는 결코 방에서 책으로만 봐서는 알 수 없다. 직접 역사의 현장 속으로 역사 속으로 들어가 봐야 한다. 그래서 역사는 눈으로 읽는 것이 아니라 발로 읽는 것이다.

　로제타스톤 역시 마찬가지이다. 1799년 8월 나폴레옹의 원정대가 나일강 삼각주에 위치한 이집트 로제타지방에서 요새를 쌓기 위해 벽을 허무는 작업을 하던 중 도트풀이라는 병사에 의해 발견되어 당시 공병장교였던 피에르 부샤르에게 보고하면서 세상에 알려지게 되었다.

　이집트의 상형문자, 고대 이집트의 민간문자인 데모틱, 그리고 그리스 문자 이렇게 세 부분으로 각기 다른 글씨들이 나뉘어져 있을 뿐 그저 큰 돌덩어리였던 이 돌은 훗날 도저히 풀기 힘들었던 이집트의 상형문자인 히에로글리프를 해독해내는 열쇠가 된다. 1822년 프랑스의 언어학자 샹폴리옹이 상형문자가 표의문자가 아닌 한글과 영어와 같은 표음문자라는 사실을 밝혀내고 세 부분의 각기 다른 글씨가 모두

같은 내용을 이야기하고 있다는 것을 알아냈다. 그리스어에 있는 프톨레마이오스 5세 왕의 이름이 있는 것을 발견하게 된 샹폴리옹은 분명 상형문자로 쓰여 있는 비문에도 '프톨레미'라는 왕의 이름이 있을 것이라 믿고 연구를 하던 중 유독 타원 안에 있는 상형문자를 발견하게 되었다. 그는 1821년에 고고학자 조제프 뱅크스가 필레섬에서 가지고 온 필레의 오벨리스크와 비교하면서 타원 안에 있는 글자가 '프톨레미'라는 사실을 확인하게 된다. 로제타스톤이 국왕 프톨레마이오스 5세의 즉위를 찬양하는 송덕비라는 것을 밝혀내게 되면서 드디어 1,300여 년 동안 수수께끼였던 이집트 문자의 신비를 벗겨내게 되었다.

지방에 있는 어느 돌덩어리 하나가 빛을 내고 역사에 한 획을 긋는 역사적인 순간인 것이다.

하지만 여기에서 궁금한 점이 하나 생긴다… 나폴레옹의 원정대가 발견했는데 왜 프랑스가 아닌 영국에 있는 것일까? 이유는 바로 로제타스톤을 발견한 2년 뒤 1801년 이집트의 알렉산드리아에서 프랑스군이 영국군에게 패하면서 영국군이 나폴레옹이 약탈한 이집트의 유물을 가지고 왔기 때문이다.

☑ 그리스 관

로제타스톤을 지나서 직진하면 바로 그리스 관을 만날 수 있다. 가장 먼저 머리와 성기가 잘려있는 조각상들을 많이 볼 수 있는데 그 이유는 다음과 같다. 머리를 자르는 이유는 정복당한 나라가 믿고 있던 신들의 조각상의 머리를 자르면서 그들의 종교성과 정체성을 말살시키려 한 것이고 남자석상의 성기를 자르는 이유는 종족번성 즉 인구증가로 인해 그 민족의 번영과 번성을 말살시키려고 한 것이다.

물론 나중에는 제작비용을 줄이고자 몸은 미리 만들어놓고 머리만 여러 개 만들어서 상황에 맞춰서 머리를 몸에 끼워 맞추는 형태로 바뀌는 경우도 있었다. 한 몸에 여러 사람의 얼굴이 계속 왔다갔다 바뀌는 것이 생각만 해도 넌센스긴 하지만 당시에는 그런 종류의 조각들이 많이 있었고 적은 비용으로 많은 신을 모실 수 있는 그들만의 자구책이었다.

그리고 학생들과 답사를 다니다 보면 이런 질문을 받기도 한다. 서양의 조각들은 너무나도 정교한데 왜 우리는 저렇게 정교하게 못 만드느냐고… 실제로 그리스 관에 있는 여신을 조각해 놓은 조각들을 보면 너무나도 정교하다. 물에 젖어서 옷이 딱 붙으면서 속살이 비치는 모습부터 바람에 날리는 모습까지 너무나도 정교한 모습에 입이 떡 벌어진다.

하지만 우리나라는 그것에 비해 왜 투박하게 조각되었느냐… 정답은 바로 재료에 있다.

그리스의 조각의 재료는 우리가 흔히 알고 있는 대리석이 대부분이다. 대리석을 처음 캐어냈을 때 경도는 우리가 생각하는 것처럼 단단하지 않다. 그 돌이 공기를 만나고 세월이 지나게 되면서 점점 단단해지는 것이다. 반면에 우리나라의 조각의 재료는 대부분 화강암이다. 화강암은 단단하기가 두 번째에 이를 정도로 아주 단단한 경도를 자랑하고 있다. 따라서 단단한 화강암으로 조각해 낸 우리의 조각기술이 결코 서양의 조각기술 보다 뒤떨어진다고 볼 수 없다.

한 예로 불국사 석굴암에 가면 석굴암 본존불을 볼 수 있는데 본존불의 발에는 발의 금까지 조각되어 있다. 광석 중에서 두 번째로 단단한 화강암을 가지고 조각을 하면서 발의 금까지 디테일하게 조각할 정도의 실력을 가진 우리나라의 조상님들의 조각 실력이 결코 서양의 조각기술 보다 뒤떨어진다고 생각하지 않는다.

우리는 유럽을 여행하면서 유럽의 역사와 문화에 기죽어서는 안된다. 비싼 돈 들여서 지구반대편까지 갔는데 서양의 문화는 너무나도 화려한 반면에 우리는 너무나도 초라하다는 문화사대주의에 빠져서 온다면 비싼 돈과 시간을 들여서 유럽까지 다녀온 의미가 없어지게 된다.

유럽의 찬란한 문화와 화려한 건축물들을 보면서도 우리의 역사와 문화와 접목시켜 서로를 비교하면서 한국사와 세계사를 입체적으로 함께 공부하는 것이 가장 이상적이라고 할 수 있다.

그리스관에서 한 번 더 안으로 들어가면 파르테논관이 보인다. 파르테논관에는 유명한 엘긴 마블이 있다. 그럼 엘긴 마블에 대해서 한 번 알아보자.

☑ 파르테논관과 엘긴 마블

19세기 때 그리스는 오스만투르크 제국에 의해 점령당하게 되는데 당시 오스만제국 주재 영국대사를 지낸 엘긴 공은 오스만제국의 고위층에 뇌물을 주고 파르테논 신전 외벽 상단에 길이 163m로 장식된 프리즈(띠 모양의 벽화)을 포함한 253점의 조각품들을 떼어 내 영국으로 돌아온 후 부인에게 그리스풍의 아름다운 저택을 지어서 자신의 집 정원을 장식하려고 했으나 이 유물을 영국정부가 구입하면서 현재는 영국박물관에 전시되고 있고 엘긴 공이 가지고 온 이 유물을 엘긴마블이라 부른다. 그리스는 영국에게 반환을 요구하였으나 영국은 거절하였고 그리스의 문화재 반환운동 역시 흐지부지되었다.

다음은 파르테논 전시실의 엘긴 마블을 설명하는 글이다.

"지금 파르테논을 장식했던 조각품들은 반만 남아있다. 그 중 절반은 아테네에 위치한 아크로폴리스 박물관에 있고 나머지 반은 영국박물관에 있다.

영국박물관의 작품들은 대부분이 엘긴 경에 의해 1816년에 영국으로 가져온 것인데 그가 가져온 조각들은 계속 논쟁거리가 되고 있다.

하지만 한가지는 분명한 사실이다.

그가 공해, 마모, 파괴로부터 귀중한 유산을 보호하였으며 그 덕분에 여러 세대에 걸쳐서 감상할 수 있게 되었다. 런던과 아테네의 유물들은 각각 다른 이야기를 들려준다.

아테네의 것은 아테네 도시와 아크로폴리스의 역사를 말해주고 런던의 유물은 이집트, 아시리아, 페르시아 등 다른 고대 문명과의 관계를 설명해준다."

사실 영국박물관의 대부분의 유물은 다른 나라에서 약탈해 온 것인데 만약 그리스의 반환요구를 들어주게 되면 이집트를 비롯한 다른 나라에서도 반환을 요구할 것이고 그렇게 되면 영국박물관이 텅텅 비게 될 수도 있기 때문에 돌려주지 않고 있는 것이다. 예전에는 영국박물관의 시설이 훨씬 더 좋기 때문에 귀중한 유물을 잘 보존할 수 있다는 명분을 내세웠지만 요즘 아크로폴리스의 박물관은 영국박물관에 견주어 봤을 때 결코 뒤처지지 않을 정도로 최첨단 현대식 시설을 자랑하고 있다. 이제는 과연 어떤 핑계를 댈지 궁금하기만 하다.

☑ 아시리아관

  파르테논관에서 들어왔던 문으로 다시 나와서 그리스 관 입구까지 나오면 양쪽으로 무시무시하게 생긴 인두우상을 볼 수 있는데 사람의 머리와 독수리의 날개 황소의 몸을 하고 있는 이 석상의 이름은 '라마수'라고 한다. 라마수는 아시리아의 궁전의 성문을 지키는 문지기상으로서 우리나라의 해태와 비슷한 역할을 하고 있다. 모습은 앞에서 볼 때는 서 있지만 옆에서 볼 때는 걸어가는 것처럼 보여 위압감을 더해주고 있다. 라마수를 통과하면 아시리아의 부조들을 볼 수 있는데 메소포타미아와 사르곤 대왕, 그리고 아수르바니팔 대왕에 대해서 알 수 있는 벽화부조들을 많이 볼 수 있다. 특히 아수르바니팔 대왕의 사자사냥 벽화부조가 유명한데 당시에는 사자를 사냥하면서 왕의 용맹함과 전지전능한 능력을 만백성에 알려 왕의 업적을 신격화하고 왕의 권위를 높이는데 목적을 두고 있었다. 아시리아에서 왕의 사자사냥은 고대에서부터 내려오는 아주 중요한 정치적 이벤트였고 사자가 많아 위협적이었기 때문에 백성들의 안전을 위해서도 사자사냥은 꼭 필요한 행사였다. 특히 아수르바니팔 대왕은 무려 450마리의 사자를 잡았다고 하는데 사실 왕이 혼자서 그 많은 사자를 다 잡은 것은 아니다. 병사들이 미리 공격을 하고 병사들의 공격을 받은 사자가 지쳐 쓰러지기 직전에 왕이 사자를 사냥하는 방법을 사용하였다. 그리고 극적인 표현을 나타내기 위해 원근법을 무시하고 왕의 몸을 사자보다 크게 나타내는 과장법을 주로 사용하였다.

  그리고 이곳에서는 왜 아시리아가 메소포타미아 지역에서 절대강자로 통했는지 알 수 있는 부조를 만날 수 있다. 바로 아시리아의 병사들이 전투하는 전투장면을 묘사해놓은 것인데 강 건너에 있는 성을 공격하기 위해 배 위에 수레전차를 싣고 강을 건너는 모습을 볼 수 있다. 그런데 단순히 이렇게 공격만 한다면 무엇인가가 심심하지 않은가… 강 아래를 보면 여러 명의 사람들이 표현되어 있는데 그들은 하나같이 입에 무엇인가를 물고 헤엄치고 있다. 지금으로 치면 특수부대와 비슷한 것인데 병사들이 수중으로 잠수해서 강을 건너가고 있는 것이다. 그리고 그들의 입에 물려있는 것은 바로 동물의 내장으로 만든 가죽인데 오늘날의 산소통의 역할을 하고 있는 것이다. 이들은 몰래 강을 건넌 후 성벽을 타고 올라가서 적에게 침투하는 것이었다. 정말 놀라운 일이 아닐 수 없다. 이 장면을 보면 아시리아만의 놀라운 전술과 뛰어난 전투력을 다시 한번 확인할 수 있을 것이다.

☑ 아멘호테프 3세 석상

로제타스톤을 바라보고 왼쪽을 보면 적색 화강암으로 만든 두상을 볼 수 있다. 바로 이 거대한 두상의 주인공은 이집트 18왕조의 9대 왕 아멘호테프 3세의 두상이다. 이집트 룩소르에 가면 유명한 멤논의 거상이라는 엄청 큰 두 개의 돌조각을 볼 수 있는데 이 멤논의 거상이 바로 아멘호테프 3세 장제전 입구에 세워졌던 석상이다. 지금은 아멘호테프 3세 장제전은 파손되어 볼 수 없고 이 두 석상만 만날 수 있다.

인터넷으로 아멘호테프 3세를 검색해보면 아마도 태평성대를 이루었던 왕. 뛰어난 외교로 시리아, 팔레스타인 등을 지배하고 아시리아 등 아시아의 여러 나라와도 우호관계를 유지하였다고 나와 있다. 이렇듯 아멘호테프 3세에 대한 장점은 인터넷이나 일반 백과사전에서 아주 잘 나와 있다. 따라서 본 책에서는 아멘호테프의 다른 점을 알아보고자 한다. 아주 흥미 있을 테니 한번 꼼꼼히 읽어보시기를 바란다.

아멘호테프 3세는 파라오 중 최고의 왕 람세스 2세나 종교개혁을 꿈꾸었던 아케나텐처럼 유명한 왕은 아니다. 따라서 기록은 많이 없지만 기록을 찾아보면 찾아볼수록 재미있는 왕이었다. 일단 아멘호테프는 역사적으로는 군사와 정치를 소홀히 하고 제 18왕조를 멸망으로 이끈 장본인이며 성격적으로는 전쟁을 싫어하고 술과 여자를 몹시 좋아했던 왕이었다. 또한 식탐도 유별나서 나중에는 치아 뿌리가 썩고 고름이 나오는 병에 걸리게 되었고 결국 왕위를 오랫동안 유지하려고 하다가 정신병에 걸려 죽게 되는 참으로 어처구니없는 왕이었다.

아멘호테프 3세는 기원전 1400년경에 12세에서 15세정도의 어린 청소년시기에 왕위에 즉위한다. 즉위하고 5년 뒤에는 누비아로 원정을 가서 정복하게 되는데 그 전투를 마지막으로 군사 원정은 일체 중단하게 되고 매일 술에 젖어 사는 안락한 생활을 추구하였다. 사실 누비아 원정 역시 반란이 일어나서 진압할 수밖에 없었던 것이었기 때문에 스스로 군대를 일으킨 적은 한 번도 없었다고 할 수 있다. 좋게 해석하면 평화 외교를 꿈꾸었고 노련한 외교가였다고 할 수 있지만 사실은 술과 여자에 탐닉하느라 그런 정사에는 관심이 없었을 수도 있다. 그는 왕비 티티 외에도 10여명의 비를 거느렸고 후궁에는 항상 300여명의 미녀들이 대기 중이었다.

아멘호테프 3세의 치세는 38년간 계속되었고 치세 전반기에는 룩소르 신전을 증축하는 등 여러 일을 주도하였지만 점차 시간이 지나면서 오로지 주색잡기에만 관심을 보였고 테베 서안에는 말카타라는 오직 여가만을 위한 별궁을 짓기도 하였다.

이런 사이에 이미 제18왕조의 재정상태는 위기에 빠지게 되었지만 아멘호테프 3세는 그에게 직언을 하는 신료들에게서 벗어나 치세말기에는 대부분의 시간을 말카타 별궁에서 생활하게 되었다. 하지만 시간이 흘러 즉위 38년째 되던 해 아멘호테프는 지병인 치조농루로 인해 음식을 씹지 못하게 되고 결국 자리에 누워 아무것도 못하고 있다가 눈을 감고 말았다.

자 이제 아멘호테프 3세의 두상을 올려다보자. 평온하고 인자한 미소가 인상적인데 당시에는 특별한 경우를 제외하고는 파라오의 두상에서는 나이를 가늠할 수 없다. 그 이유는 파라오의 영원한 젊음을 기원하면서 제작하였기 때문이다.

하지만 다른 파라오상과 다르게 턱 밑에 있는 턱수염이 잘려져 있는 것을 볼 수 있다. 보통 파라오의 권위를 상징하기 위해 턱수염을 조각해놓는데 프랑스의 점령군이 아멘호테프 3세의 권위를 무너뜨리기 위해 일부러 턱수염을 잘라버린 것이다.

이제 아멘호테프 3세 두상 뒤편으로 바라보면 또 하나의 파라오 석상을 찾을 수 있는데 그가 바로 이집트 파라오 중 최고의 스타, 파라오 중의 파라오인 람세스 2세다.

☑ 람세스 2세 석상

람세스 2세는 이집트 제 19왕조의 3대 파라오로서 세티 1세의 뒤를 이어 기원전 1270년경 즉위하여 67년 동안이나 장기집권을 했던 파라오이다. 이집트의 파라오 중에서 가장 유명한 그는 우선 기존에 있던 영토를 더욱 더 확장하였고 유명한 히타이트와의 카데슈 전투를 진두지휘하기도 하였다. 그리고 다른 파라오의 경우 즉위한 후 자신의 이름을 딴 장제전이나 신전을 짓는데 람세스 2세는 아부심벨 신전을 비롯해 많은 신전과 건축물을 세우긴 했지만 그걸로 부족했는지 미처 세우지 못한 곳에는 기존의 파라오의 이름을 지우고 자신의 이름을 새겨넣기도 하였다. 또한 그는 예전 파라오들이 세운 신전을 허물고 그 자리에 그 돌을 다시 사용해서 세우면서 다른 왕조의 파라오보다 현저하게 많은 건축물을 세울 수 있었다. 그리고 그는 서두에서도 이야기했듯이 67년 동안이나 장기집권을 하는데 이는 제 6왕조 페피 2세에 이어 두 번째로 오래 집권한 기록이다. 그는 52명의 왕자를 포함해 총 162명의 자식을 낳았는데 90살이 넘도록 장수하는 바람에 12번째 왕자까지는 람세스 2세보다 먼저 죽으면서 왕위에 즉위조차 해보지 못했다.

이 석상은 1270년경 화강암으로 제작되었는데 얼굴과 몸통에 각기 다른 색의 화강암을 사용하면서 더욱 더 신비로움을 강조하였고 현재 전시되고 있는 부분은 테베에 있는 그의 신전에서 출토된 것이다. 7.5톤이나 달하는 이 석상의 왼쪽 가슴을 보면 구멍이 나 있는데 이것은 프랑스 군인들이 영국과의 전투해서 패한 후 이 석상을 옮기기 위해 지렛대 구멍을 뚫었으나 무게중심을 맞추지 못해 결국 옮기지 못하고 1816년 영국에서 옮겨가게 되었다.

가슴에 뚫린 구멍을 보면서 역사를 모르는 무지한 자들의 실수로 인해 얼마나 많은 유물과 문화재들이 피해를 보는지 여실히 느낄 수 있다.

발로 읽는 유럽 문화 탐방

☑ 이집트 미라관

람세스 2세를 지나 이집트의 석관을 보면서 직진해 방의 끝으로 나오게 되면 계단을 발견할 수 있다. 계단으로 올라가서 이집트 미라(Mummy)가 있는 곳으로 가보자. 이곳에 있는 미라는 모두 진짜이다. 그것을 강조하기 위해 친절하게도 X-ray를 찍어서 관 안에 혹은 아마포 붕대 안에 있는 인물이 진짜임을 나타내고 있다.

그렇다면 이집트인들은 왜 미라를 만드는 것일까?

이집트인들은 사람의 생사에 대해 관심이 많았고 우리나라와는 다른 독특한 생사관을 가지고 있었다. 우리나라는 보통 사람이 죽으면 혼과 백으로 나뉘어져 혼은 하늘로 올라가고 백은 땅으로 들어가 썩게 된다고 믿었다. 하지만 이집트인들은 사람을 '카'와 '바' 그리고 '아크트'로 구분하였다. 카는 성령, 바는 혼, 아크트는 육체를 뜻한다. 바와 아크트는 우리나라의 사상인 혼백사상과 같다. 하지만 우리나라에는 없는 성령은 과연 무엇일까? 이게 고민이다. 이걸 이해해야 이집트인들의 생사관을 이해할 수 있다. 일단 우리의 일반적인 생각은 육체에 혼이 합쳐지면서 사람이 된다고 믿고 있는데 그런 선입견을 우선 버리고 아무것도 모르는 백지상태에서 모든 물질의 본질에 대해서 생각해봐야 한다.

자.. 이제 본격적으로 이집트인들의 생사관에 대해서 생각해보자. 이집트인들은 모든 물질의 본질을 카 라고 생각했다. 물론 카는 눈에 보이지 않으니 우리가 직접 볼 수는 없다. 그런 카는 인간뿐만 아니라 동물 그 외 여러 물건들에게도 있다. 고로 지구상에 존재하는 모든 물질은 카 라는 본질이 기본이고 그 위에 육체와 혼이 붙어있는 것이다.

그래서 만약 사람이 죽게 된다면 카에서 바(혼)는 떨어져 나가 하늘로 올라가게 되고 아크트(육체)만이 남게 되는데 만약 아크트도 땅으로 들어가 썩게 된다면 카는 머물 곳을 잃어버리게 되는 것이다. 그래서 카가 머물 육체를 보존하게 되는 것이고 그것이 바로 미라이다. 그리고 파라오의 무덤 속에 넣은 부장품 역시 카가 사용하는 것이다. 예를 들어 그릇을 넣었다면 그건 눈에 보이지는 않지만 육체에 머물고 있는 카가 그릇의 본질인 그릇의 카를 사용하는 것이다. 그래서 이집트인들은 무덤 속에 부장품을 넣었던 것이다. 사람뿐만 아니라 이 세상에 존재하는 모든 물질의 가장 기본이 되는 본질은 카이고 그 위에 형태가 붙어 있으면서 우리 눈에 보이게 되는 것이다. 이제 그들이 미라를 만드는 이유나 무덤에 부장품을 넣는 이유 역시 이해가 되었으리라 생각한다. 그렇다면 왜 유독 이집트에서 미라가 많이 발견될까? 그들의 생사관 외에 다른 이유는 없을까? 답은 바로 이집트의 자연환경 때문이다. 건조한 지역의 자연환경 덕분에 굳이 만들려고 하지 않아도 자연스레 미라가 되는 경우가 많았고 그런 덕택에 미라에 대한 관심과 연구가 많아졌으리라 생각한다.

☑ 미라를 만드는 과정

　과연 미라는 어떻게 만들어졌을까? 그 방법은 다음과 같다.

　우선 시신을 깨끗이 씻는 예식을 거행한 후 다음 콧구멍을 통해 갈고리를 이용해서 뇌를 휘저어서 끄집어낸다. 그리고 미처 나오지 않는 부분은 약품으로 처리한다. 콧구멍으로 나온 뇌는 그냥 버린다. 그 다음 옆구리를 날카로운 돌로 절개한 후 대장, 위, 간, 폐등을 꺼낸 후 물기를 제거해 카노프스라는 항아리에 넣는다. 이 때 심장은 시신에 남겨놓는데 그 이유는 심장은 죽음의 신 오시리스에게 심판받을 때 천칭에 시신의 심장을 올려놓고 다른 쪽에는 마트 여신을 상징하는 깃털을 올려놓는데 심장이 깃털보다 가벼우면 다시 환생할 수 있다고 믿었기 때문이다. 심장의 무게를 재는 이유는 예전 이집트인들은 죄를 지으면 심장에 때가 낀다고 믿어서 죄를 지은 사람은 심장이 무거워져 다시 돌아오지 못하고 죄를 짓지 않고 착하게 산 사람은 심장에 때가 없기 때문에 가벼워 다시 환생할 수 있다고 믿었기 때문이다.

　내장을 보관하는 카노프스 단자는 총 4개로 구성되어 있으며 항아리 뚜껑은 각기 다른 모습을 하고 있어서 그 안에 담겨있는 내장을 나타내고 있다. 사람 머리의 항아리는 시신의 간을, 자칼 머리의 항아리는 위를, 독수리 머리의 항아리는 대장을, 원숭이 머리 항아리는 폐를 보관하였다. 이 4개의 항아리는 오시리스의 아들이자 지하세계의 감독관 역할을 하고 있으며 부활과 죽음의 신인 호루스의 4명의 아들을 상징하며 죽은 자의 영원을 기리기 위해 제작되었다. 그 다음 천연 탄산소다를 이용해 시신으로부터 물이나 냄새를 제거하고 내장을 뺀 복부를 다발 물질로 채워 넣는다. 그 다음 약 40일 정도 지나면 서서히 시신이 미라로 변하기 시작하는데 이 때 천연 탄산소다를 제거하고 성유를 바른다. 그 다음 히에로글리프의 기도문이 새겨진 얇은 천으로 시신을 감은 후 송진으로 코팅처리를 하면 미라제작은 끝나게 된다. 그리고 얼굴에는 마스크를 씌우고 손가락과 발가락에도 싸개를 따로 만들어서 씌운다. 그리고 금관에 넣은 미라는 다시 목관으로 그리고 다시 석관까지 총 3중관으로 보호하게 되고 기도의식을 마친 후 무덤으로 관을 넣으면 모든 의식은 끝나게 되는데 여기까지 보통 70여일 정도 소요된다.

미라는 처음에는 파라오의 부활을 꿈꾸면서 오직 파라오의 시신만 제작이 가능했으나 점차 시간이 지나면서 일반 백성들도 미라를 만들기 시작하였고 미라를 만들어주는 직업이 생겨나기도 했다. 미라는 돈에 따라서 상급, 중급, 하급으로 나누어지는데 적은 돈으로 만드는 하급의 경우에는 일주일 만에 간단하게 처리하는 경우도 있다. 그리고 많은 돈으로 만드는 상급은 일단 몸 안에 있는 수분부터 확실하게 제거하고(몸 안의 수분제거가 안되면 미라제작은 안된다.) 제작 후에는 화려한 보석으로 치장했는데… 시간이 흘러 이집트의 무덤이 도굴되었을 때 도굴꾼들의 표적은 바로 화려한 보석으로 치장된 미라였다. 내세에 좋은 일이 생기길 기대하면서 많은 돈을 지불하면서 만든 미라가 도굴꾼들로 인해 치장된 보석은 도난당하고 훼손되는 지경에 이르는 것을 보면 역사란 참 아이러니한 것 같다.

☑ 진저맨

　영국박물관의 미라 중에서 유일하게 별명이 붙은 것으로 자연적으로 미라가 된 상태이다. 보존이 잘 되어 있어 지금도 머리카락과 손톱 등을 확인할 수 있다. 별명을 진저맨이라고 붙인 이유는 피부의 색깔이 생강 색과 비슷해서 생강(=Ginger)의 이름을　따서 진저맨이라고 붙여진 것이다. 이 미라가 사망한 때는 기원전 3400년경으로 추정되고 있으며 사냥꾼으로서 병에 의해 사망한 것으로 추정하고 있다. 이 미라는 모래 구덩이에 바로 묻었는데 이집트의 뜨겁고 건조한 모래덕분에 수분이 증발되면서 미라가 되었다. 처음 발견되었을 때에는 지금보다 훨씬 더 상태가 좋았지만 옮기면서 피부수축이 일어나 지금의 갈라진 피부상태를 보이고 있다.

　그런데 다른 시신과는 달리 팔과 다리가 구부러져 있는 모습을 하고 있는데 그 이유는 아직 미라제작이 행해지기 전에는 시신의 팔과

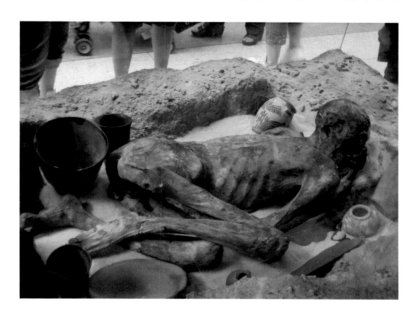

다리를 구부려서 매장하는 굴장이 일반적이기 때문이었다.

그렇다면 왜 구부려서 매장을 했을까? '아직까지 확실하게 이렇다!' 하는 내용은 밝혀지지 않았지만 고대에는 사망한 사람에게는 악령이 붙으므로 악령이 붙은 시체가 일어나서 다니지 못하도록 손과 발을 구부려서 매장했다는 설과, 죽은 이의 부활을 바라는 바람에서 시신을 태아의 모습과 비슷하게 매장했다는 설과, 마지막으로 매장하는 작업을 보다 손쉽게 하기 위해서 팔과 다리를 구부렸다는 설이 있다. 과거에는 악령을 두려워했다는 설이 지배적이었으나 최근에는 여러 설들이 제기되면서 어느 것이 옳은지 확정짓기는 어려운 상황이다.

이 글을 읽고 영국박물관에 가신다면 직접 눈으로 보면서 각자 생각해 보는 것은 어떨지….

☑ 한국관

이집트관을 모두 보고 67번실로 이동해보자. 67번실은 자랑스러운 우리 한국관이다. 세계 3대 박물관 중 하나인 영국박물관은 특정 국가의 이름으로 전시실을 만든 곳이 몇 군데 없는데 한국관이라는 이름으로 독자적인 전시실이 있다는 것은 매우 의미가 큰 일이다. 2000년 11월 8일 한·영 양국수교 200주년을 기념하여 한국관이 개관했는데 대한민국 정부와 한빛문화재단 한광호 이사장의 노력으로 전시실을 개관할 수 있었다.

특히 한광호 이사장의 노력이 매우 컸는데 한광호 이사장은 처음 영국박물관을 방문했을 때 전시실 없이 복도 한 구석에 불교 탱화 한 점과 도자기 몇 점만이 놓여 있는 것으로 보고 충격을 받아 1997년에 100만 파운드(당시 약 16억원)를 기부하여 오늘날 한국관이 있게 한 주역이라 말할 수 있다.

한국관은 영국박물관을 방문하는 한국인이라면 꼭 한 번씩 들렀다 가곤 하는데 생각보다 규모가 작아 다른 전시관보다는 머무르는 시간이 짧다. 특히 대규모 인원이 움직이는 단체여행객들의 경우 그냥 한 바퀴 휙~ 둘러보고 가는 것이 전부이다. 하지만 이렇게 대충 한번 휙 둘러보고 가는 것이 우리들에게 얼마나 큰 자긍심을 불어넣어줄 수 있을까? 특히 단체여행객 중 어린이와 청소년이 있다면 그리스, 로마, 이집트에서는 오랫동안 머무르면서 자세한 설명을 들었는데 한국관에서는 그냥 이곳에 우리의 한국관이 있고 누구에 의해 세워진 것만 듣고 간다면 우리 아이들이 느끼기엔 우리의 문화가 서양의 문화보다 뒤떨어진다고 느껴지지는 않을까?

전시관의 크기보다 그 안에 있는 유물보다 더 큰 우리나라만의 기상과 긍지 그리고 우리의 문화를 제대로 전달해주는 것이 무엇보다 중요하다고 생각한다.

이 안에서 우리는 우리의 도자기를 비롯한 불교 탱화와 우리의 민화 그리고 한옥모형을 만날 수 있다. 민화를 보면서 서양화와 동양화의 차이점에 대해 이해하고 그릇을 보면서 도기와 자기에 대해서 배우고 한옥을 보면서 우리 조상님들의 뛰어난 건축기술에 대해서 공부할 수 있다. 가령 한옥의 경우 못을 쓰지 않고 조립된 형태로 만들어지는데 시간이 지나면 뒤틀어지는 나무의 습성까지 고려해서 만든 것을 봤을 때 높이와 크기만 거대한 서양건축보다 결코 뒤떨어지지 않는다는 것이다. 그리고 목조건물의 특성상 비가 오고 눈이 오면 썩을 수 있기 때문에 기둥 안쪽에 숯과 소금을 넣어서 천연방부제로 사용하였다. 우리 조상님들은 자연과 하나가 되길 원했고 자연을 거스르려고 하지 않았기 때문에 아무리 큰 집이라 하더라도 뒷산을 가리지 않고, 주변의 산세와 어우러지게 하지 위해서 자연스럽게 구부러지게 하는 모습 등 한옥 하나만 가지고도 우리 조상님들의 문화와 정신을 배울 수 있게 된다.

사실 이렇게 좁은 한국관에서 강의를 하려면 단순한 유물만 설명해서는 부족하다. 박물관학 뿐만 아니라 역사, 문자, 자연, 과학, 천문, 민속, 신화학에 대해 연구하고 공부해야만 아이들과 학생들에게 보다 다양한 우리의 문화에 대해 설명하고 강의할 수 있다. 따라서 대부분의 여행객들과 가이드님들이 '수박 겉핥기'식의 관람은 하지 않으셨으면 한다.

우리 언어의 우수성과 관혼상제 같은 우리의 민속학, 우리 조상님들이 연구하셨던 동양천문학 등 눈에 보이지 않지만 많은 것을 품고 있는 것이 바로 우리 조상님들의 철학이자 문화이다.

한국관을 나와 아프리카관이나 유럽관을 둘러봐도 좋고 아니면 아프리카관을 지나서 나오면 다시 그레이트 코트로 나오게 된다. 기념품 구입과 화장실을 다녀온 후(유럽은 화장실 인심이 좋지 않기 때문에-대부분 유료-공짜 화장실이 있으면 미리미리 다녀오는 것이 원치 않은 지출을 막을 수 있다) 밖으로 나오면 영국박물관 답사를 마치게 된다.

끝으로 매년 수차례 학생들과 함께 영국박물관을 답사하면서 과연 이 유물들이 영국과 같이 유명하고 강한 나라에서 보관되어 있는 것이 맞는 건지 아니면 원래 있었던 원산국으로 가는 것이 맞는 것이 의문이다. 사실 개인적으로는 답을 이미 냈지만 많은 사람들의 생각이 다르기 때문에 이곳에서 필자의 생각을 이야기하고 강요하는 것은 오히려 독자분들께서 생각하는데 방해가 될 것 같다. 보통 이런 상황을 박물관학에서는 문화 우월주의, 문화 민족주의라고 하는데 문화재를 구제하는 것이 옳은 것이냐.(문화재는 민족과 국가를 초월하여 인류 전체에 적용할 수 있는 보편성을 지닌 경제적 산물이자 상징자본이다 - 보편적 가치를 강조 / 영국, 프랑스, 독일, 일본 등) 아니면 문화재를 보존하는 것이 옳은 것이냐.(문화재는 역사의 증거물이며 민족의 기념비이다. 과거와 연결돼 새로운 문화를 창조하고 민족이 발전하는 원천자료이다 - 국가와 민족의 공유재산, 원산국이 소유하는 것이 정당 / 이집트, 그리스, 한국, 멕시코 등) 라는 문제인데 과연 어느 것이 정답인지 아직도 고민 중이다. 물론 현재 국제사회에서도 문화재 반환에 따라 문화재 보유국과 문화재 반환요청국의 시각이 달라지면서 계속 논쟁중이기도 하다. 과연 독자분들의 생각은?

영국에서의 일정을 정리해보자.

영국에서 가장 인상 깊었던 것은?

★ **수도** : 파리(Paris)

★ **면적** : 약 547,030㎢

★ **위치** : 유럽대륙 서쪽, 지중해와 대서양 사이에 있는 나라

★ **인구** : 약 6,040만명

★ **인종** : 골족

★ **종교** : 가톨릭

★ **언어** : 공용어는 프랑스어

★ **시차** : 한국이 8시간 빠름(서머타임인 4월에서 10월까지는 7시간차)

★ **기후** : 여름철 평균기온은 17 ~ 19℃, 겨울철 4℃ 전후
비교적 사계절이 뚜렷하고 기후는 대체로 온화한 편이며 보편적으로 여름에는
쾌청한 날씨가 지속되지만 11 ~ 3월은 우기이므로 항상 방수코트나 우산을 준비

★ **통화** : 유로(€)를 사용
지폐는 €5, €10, €20, €50, €100, €200, €500, €1000
동전은 종류별로 1c, 5c, 10c, 20c, 50c, €1, €2
20( )년 ( )월 기준 1유로 = ( )원

★ **전기** : 프랑스 전역의 표준 전압은 240V, 50㎐, 2PIN 플러그 사용.
한국 가전제품은 유럽용 플러그를 이용하여 사용.

★ **전화** : 공중전화는 주로 지하철역, 버스정류장, 카페거리 곳곳에 설치.
과거 동전과 카드전화가 병행되었으나 지금은 모두 카드전화로 대체.
전화카드는 우체국이나 담배를 파는 카페, 키오스크 등에서 구입
한국으로 콜렉트콜 번호 080-099-0082 누른 후 한국어 안내방송에
따라 진행

★ **물가** : 유럽에서 중간정도. 수도인 파리의 물가는 조금 비싸지만 지방은 파리에
비해 많이 저렴한 편.

PART 2

문화·예술·자유를
사랑하는 아름다운
프랑스

내가 만드는 나만의 유럽여행 자료집

유럽여행을 하면서 얻게 된 팸플릿, 지하철과 열차 티켓. 지하철 노선도, 입장권, 영수증 등을 붙여 설명과
날짜 등을 이곳에 적어 놓으면 나만의 소중한 유럽여행자료집이 됩니다.

PART 2. #01 에펠탑

6호선과 9호선 Trocadero 역에서 내려서 'Tour Effel' 방향으로 나오면 두 개의 건물이 보이는데 바로 샤이오궁이다. 이 두 건물 사이로 들어가면 아주 멋진 에펠탑을 만나게 된다. 다른 곳보다도 이곳에서 에펠탑이 가장 잘 보이기 때문에 이곳에서 에펠탑을 만나는 것을 추천한다.

에펠탑은 귀스타프 에펠이 설계를 했기 때문에 에펠탑이라고 이름이 붙여졌다. 1789년에 일어난 프랑스 대혁명 100주년 기념사업으로 1889년 프랑스 정부는 만국박람회를 개최하는데 이 때 에펠탑은 1887년부터 시공하여 1889년에 완공하였다. 당시 서양열강들 사이에서는 만국박람회가 유행했었는데 자신들의 부강을 뽐내기 위해 너나할 것 없이 박람회를 개최하고 있었다. 특히 앙시앵레짐이라는 귀족정치 속에서 억압받은 백성들의 외침이었던 프랑스 대혁명 이후 나폴레옹이 집권하긴 했지만 나폴레옹 정부의 몰락으로 큰 후유증을 겪었고 1871년 파리 시민과 노동자들에 의해 수립된 사회주의 자치정부인 파리코뮌으로 인해 프랑스 정부는 안팎으로 불신이 가득한 그저 그런 나라로 전락해버렸다.

또한 영국이 1851년 세계 최초로 만국박람회를 성공적으로 개최하자 영국의 경쟁자였던 프랑스 역시 영국을 능가하는 박람회를 개최하여 아직도 프랑스는 건재하다는 것은 전 세계에 알려야 했고 이번 박람회를 성공시켜 그동안 잃었던 자존심을 회복하고 싶었던 것이다.

그러기 위해서는 기존에는 없던 세계에서 가장 강하고 거대한 상징적인 건축물이 필요했기에 곧바로 세계 최대의 건축물을 만드는 프로젝트에 돌입하게 된다.

이 때 수백 개의 공모작을 제치고 교량 설계 전문가였던 귀스타프 에펠의 설계작이 선정되어 건축되었다. 에펠은 1886년에 뉴욕의 자유의 여신상 건설에도 참여하여 철골 구조물 부분에서는 이미 능력을 인정받은 인재였다. 그는 자신의 특기대로 마치 철골다리를 위로 세운 것과 같은 철골구조물을 선보였는데 그것이 바로 지금의 에펠탑이다. 처음 에펠탑 건설계획이 알려지자 사람들은 당장 취소하라고 거리로 뛰쳐나와 데모를 했고 귀스타프 에펠은 건설기간 내내 민원에 시달리고 법정에 서고 사람들을 설득하면서 건축을 완성해야만 했다. 에펠은 정확한 계산으로 15만개의 철 부품과 250만개의 나사를 기중기를 이용하여 조립해 27개월 만에 완성시켰는데 공사기간동안 단 한치의 오차도 단 한건의 사고도 없었다는 것이 정말 놀랍다.

그러나 건축을 완공하자 파리의 저명한 예술가와 학자들은 이제껏 보지 못한 흉측스런 철골구조물 때문에 파리는 이제 전 세계에서 웃음거리가 되고 외면할 것이라면서 혹평을 서슴지 않았다. 유명한 소설가였던 모파상은 에펠탑을 보지 않기 위해 길을 다닐 때에도 골목골목으로만 다녔고 점심식사는 에펠탑 아래 레스토랑에서 식사를 했는데 이유는 에펠탑 아래에 위치한 레스토랑만이 파리 시내에서 유일하게 에펠탑이 보이지 않는 곳이라고 했던 일화는 유명하다.

그렇다면 도대체 왜 파리의 시민들은 그토록 에펠탑 건설을 반대한 것일까? 첫 번째로는 에펠탑이 세워지기 전 나폴레옹 3세와 도시계획장관 오스만이 파리의 모든 건물들의 높이가 20m를 넘지 못하도록 하였고 같은 블록에 있는 건물들은 발코니나 창문들의 줄을 맞추어 미관을 중요시하였다. 그런데 난데없이 300m의 건축물이 우뚝 솟아있고 게다가 미관을 중요시해서 모든 건물에 화강암을 씌우던 당시에 건축물 안 철골구조물이 흉측하게 그대로 다 보이고 있으니 당연히 화가 날 수밖에 없는 것이었다. 두 번째로는 저층 고딕도시인 파리에 지금까지 한 번도 보지 못한 건축물이 과연 안전하게 버틸 수 있을까하는 우려와 걱정이었다.

결국 귀스타프 에펠은 공사비도 제대로 받지 못한 채 자비를 지출하면서 공사를 마무리했는데 밀린 공사비 대신 독점운영권을 보장받게 되었다. 아무도 에펠탑의 성공을 장담하지 못했기 때문에 독점운영권역시 에펠에게 별 뜻 없이 주게 되었다.

그러나 막상 박람회가 시작되자 에펠탑은 소위 엄청난 흥행을 이루게 되었다. 파리 만국박람회를 찾은 약 200만 명의 사람들이 에펠탑을 찾았고 전 세계에서 에펠탑을 홍보하자 독점운영권을 보장받은 에펠은 몇 년 만에 어마어마한 거부로 거듭나게 되었다.

당초 에펠탑은 완공 후 20년 동안만 세워놓기로 하였고 1909년 해체될 위기에 처해졌으나 오히려 파리 시민들의 거센 해체반대운동과 무선전신 시대가 도래하면서 군용 무전탑으로서 역할을 톡톡히 하게되자 해체하지 않고 계속 존립할 수 있게 되었다. 사실 에펠탑만큼 높고 긴 안테나를 찾을 수 없으니 당연한 결과이다. 세계대전 이후 1918년에는 라디오 방송을 위한 안테나로서의 가치를 인정받았고 1957년에는 텔레비전 방송을 위한 안테나 증축으로 현재 에펠탑의 높이는 기존 300m에서 지금은 324m로 더 높아졌다.

또한 지금은 야간에 조명을 비추어 너무나도 아름다운 자태를 뽐내고 있으며 특히 해가 지고 난 후 매시 정각에 보여주는 반짝거리는 조명쇼는 보는 사람 누구나 황홀한 파리의 밤을 에펠탑으로부터 선물 받게 될 것이다. 단 여름에는 저녁 9시가 넘어야 야경을 볼 수 있으니 여행 시 시간조절을 잘해야 한다.

PART 2.
#02
몽마르뜨 언덕과
사크레쾨르 대성당

가는 길
2호선 Anvers 역에서 내려서 'Montmarte' 방향으로 나오면 바로 오른편에
횡단보도가 있다. 횡단보도를 건너면 오르막길이 있는데 주변에 기념품가게들이
즐비해 있다. 기념품 가게들이 있는 오르막길을 올라가면 정면에 잔디언덕과 언덕
꼭대기에 돔이 있는 성당을 발견하게 되는데 그 곳이 바로 몽마르뜨 언덕과 사크
레쾨르 대성당이다.

　이곳을 올라갈 때 가운데 야바위꾼들이 삼삼오오 모여서 게임을 하
는데 절대!! 절대!! 하면 안된다. 간혹 어떤 사람은 무늬가 있는 판을
골라내어서 자기가 낸 돈의 두 배를 받곤 하지만 그런 사람들은 대부
분 바람잡이다. 필자가 갈 때마다 같은 야바위꾼과 같은 바람잡이들이
늘 함께 있는 것을 목격했다. 그리고 몽마르뜨 언덕으로 올라갈 때 흑
인들이 긴 색실을 보여주면서 팔에 감아주곤 한다. 흑인들이 친근하게
웃으면서 다가오기 때문에 아무 생각 없이 웃으면서 팔에 색실을 감는
관광객들이 많은데 색실감기가 끝나면 바로 돈을 지불해야 한다. 만
약 이건 내가 원한 것이 아니다! 네가 감아준다고 한 것이 아니냐! 라
고 하면 주위에서 다른 흑인들이 모여 들어 어두운 분위기를 자아내
니 미리 방지하도록 하자. 흑인들이 다가오면 단호하게 농(NON)이라고
하면 된다.

　몽마르뜨… 우리말로 하면 몽이라는 언덕을 뜻하는 단어와 마르뜨

라는 죽음, 순교를 뜻하는 단어가 합쳐져서 순교자의 언덕이라는 뜻을 나타내고 있다. 이탈리아 태생 주교였으나 교황 파비안의 명으로 250년경 프랑스 선교사로 파견되어 파리의 초대주교로서 활약했던 순교자 성 드니(디오니시우스)가 이곳에서 자신의 사제였던 성 루스티쿠스와 부제 성 엘레우테리우스와 함께 체포되어 투옥되었다. 그 후 258년에 있었던 발레리아누스 황제의 박해 때 두 사제들과 함께 참수형을 당한 후 천사의 인도를 받아 자신의 잘린 목을 들고 내려가 자신이 묻힐 곳에 누웠다는 전설이 있는 곳으로 참수된 이곳을 순교자의 언덕으로 불렀다. 실제로 그들의 유해는 센 강에 던져졌으나 바로 찾아내어 파리의 북동쪽에 있는 마을에 무덤을 만들어 추모하였고 6세기 초 성녀 제노베파는 성 드니의 무덤 위에 대성당을 건축하였다. 그곳이 유명한 생 드니 대수도원이다.

몽마르뜨 언덕이 순교자의 언덕으로 불린다고 하니까 종교적인 분위기가 물씬 풍길 것 같지만 실상은 무명 예술가들이 많이 모여드는 곳이다. 단순하게 그림을 그리는 사람부터 음악가, 비보이 댄서들까지 누구든지 자신의 예술적 끼를 발산하고 표출하는 곳이다. 물론 약간의 팁을 받긴 하지만….

몽마르뜨 언덕의 가장 높은 곳에는 비잔틴 양식의 세 개의 돔으로 이루어진 성당을 볼 수 있는데 바로 사크레쾨르 대성당이다.

사크레쾨르 대성당은 1870년 프랑스와 프로이센의 전쟁 때 프랑스가 패배한 뒤 침체된 국민의 사기를 고양시키고 1871년 파리 코뮌으로 세상을 떠난 사람들을 추모하고 가톨릭 신자들의 마음을 달래줄 목적으로 행정가 알렉상드르 르장티와 로오 드 플뢰리의 지원으로 지어진 것이다. 1876년에 착공하여 1910년에 완공되었다. 사크레쾨르는 우리말로 하면 성스러운 마음, 고로 성심성당이 불린다.

성당 정면에는 성심 동상이 세워져 있으며 양쪽에는 성 루이 9세 기마상과 잔다르크 청동 기마상이 서있다. 잔다르크는 신의 음성을 들었던 여인으로서 샤를 7세 때 활약한 성녀이다. 아르크 출신의 잔(John of Arc-잔다르크)이라 불리며 프랑스 군대를 이끌고 나가 반대파인 부르고뉴파와 영국군과 맞서 싸우면서 대승을 거두었던 여인이다. 하지만 부르고뉴파의 포로가 되어버린 후 마녀재판에 회부되어 마녀로 몰려 결국 화형에 처해지고 말았다. 당시 사람들은 잔다르크가 마녀가 아닌 줄 알고 있었으나 전쟁을 마치기 위해서는 잔다르크의 희생이 필요했었고 결국 잔다르크는 전쟁의 희생양이 되어 삶을 마감해야만 했다. 당시 많은 사람들이 잔다르크의 처형광경을 보면서 눈물을 흘렸고 심지어 영국군 중에서도 "우리가 성녀를 죽였다."면서 탄식하고 통곡하는 자들도 있었다. 잔다르크는 그 후 25년이 지나고 나서 그녀가 가졌던 모든 혐의에서 벗어나 성녀로 추앙받게 되었다.

그리고 잔다르크 옆에 칼날을 잡고 있는 청동기마상이 있는데 그가 바로 프랑스의 왕들 중 유일하게 성인으로 추대된 성 루이 9세이다. 루이 9세는 루이 8세와 왕비 카스티야의 블랑쉬 사이에서 넷째 아들로 태어났으나 위의 세 형들이 모두 어린 나이에 사망하는 바람에 루이가 왕위 계승자가 되었다. 독실한 기독교 신자였던 루이 9세는 콘스탄티노플의 황제였던 보두앵 2세에게 예수의 가시면류관과 십자가 조각, 아기 예수의 기저귀, 성모마리아의 모유가 담긴 병 등 약 30여점에 이르는 성물들을 13만5천 리불이라는 어마어마한 금액을 지불하고 사들였다. 하지만 이 성물들 중 가짜성물들도 있었는데 대표적인 것이 성모 마리아의 모유와 예수가 찔린 창 조각이었다. 루이 9세는 이 성물들을 보관하기 위해 파리 시테섬에 1239년부터 1248년까지 생 샤펠 성당을 지었다. 성당을 지을 때 비용이 4만 리불이었으니 루이 9세가 성물을 대하는 마음을 짐작할 수 있다. 당시 성물들이 파리에 도착하자 루이 9세는 직접 맨발로 달려나가 유물을 날랐고 이러한 장면 역시 생 샤펠 성당에 있는 스테인드 글라스에서 찾을 수 있다. 하지만 두 번의 화재로 생 샤펠 성당은 피해를 입었고 프랑스 대혁명 기간에는 당시 혁명군들이 이 성당을 왕가의 상징을 받아들여 이곳에 있던 가구, 의자들은 물론 첨탑과 천개는 모두 부서지고 유물들은 사라져버렸다.

겨우 남아있는 유물은 노트르담 성당에 '생 샤펠의 유물'이라는 이름으로 현재 고이 보관되어 있고 부활절이 되면 1년에 단 한번 일반 대중들에게 전시된다.

그 후 루이 9세는 1248년에 제 7차 십자군 원정을 떠났다가 부상을 입고 1250년 4월 7일 포로로 잡혔다가 거액의 몸값을 풀려났다. 그 후 행정 개혁 등 내실을 다지다가 이슬람의 진격으로 주변 성지의 영토들이 급속히 줄어들자 1269년 루이 9세는 튀니지를 중심으로 이슬람 세력을 약화시킬 계획을 수립하여 1270년에 제 8차 십자군 원정을 떠나는데 처음에는 카르타고를 점령하면서 승승장구했지만 전염병이 유행하며 루이 9세 역시 이질에 걸리면서 1270년 8월 아들 필리프에게 백성들을 보호하라는 유언을 남기고 숨을 거두었다. 이윽고 프랑스로 운반된 루이 9세의 시신은 노트르담 성당에서 장례식을 마친 후 생 드니 대수도원에 안장되었다. 그 후 교황 보니파키우스 8세가 1297년 루이 9세를 성인으로 추대하면서 루이 9세는 프랑스의 왕 중에서 유일하게 성인으로 추대된 왕이다.

사크레쾨르 성당을 바라보고 왼쪽 길로 조금 더 올라가면 테르트르 광장이 나온다. 화가의 거리라는 뜻을 가지고 있으며 예전에 피카소, 고흐, 로드렉 등 화가들이 이곳에서 그림을 그렸던 장소로 유명하다. 이름에 걸맞게 많은 무명화가들이 이곳에서 자신의 그림과 관광객들을 상대로 초상화를 그려주고 있다. 만약 이곳에 간다면 많은 화가들이 다가와 호객행위를 하는 것을 볼 수 있고 그림 값은 정해져 있지 않으니 적당히 흥정을 하면서 그림 값을 정하면 된다. 테르트르 광장에서 내리막길로 내려오면 붉은 풍차로 유명한 물랑루즈를 만날 수 있다.

몽마르뜨 언덕 주변은 낮에는 아주 활기가 넘치지만 밤이 되고 어두워지면 우범지역으로 변하니 가급적이면 특히 여성분들은 밤에 이곳으로 가지 않기를 간절히 권한다.

PART 2. #03 개선문과 샹젤리제 거리

가는 길

지하철 1호선, 2호선, 6호선 Charles de Gaulle Etoile역에서 하차하여 'Arc de Triomphe' 방향으로 걸어가서 에스컬레이터를 타고 올라가면 바로 눈앞에 거대한 개선문을 만날 수 있다. 개선문을 보다 더 자세히 보기 위해서는 개선문으로 통하는 지하보도로 내려가면 개선문 바로 아래까지 갈 수 있다. 그리고 개선문을 바라보고 맞은편 가장 큰 명품 샵들과 극장, 식당으로 화려하게 이루어져 있는 곳이 바로 샹젤리제 거리이다. 개선문에서 루브르박물관까지 일직선상에 있으므로 시간의 여유가 있다면 그리 힘들지 않으니 꼭 걸어보길 추천한다.

개선문은 전쟁터에서 승리해서 돌아오는 황제나 장군의 업적을 기리기 위해서 세운 문이다. 보통 고대 로마에서 시작되었는데 이 곳 파리에 있는 에투알 개선문은 로마의 티투스황제 개선문을 본떠서 만든 것이다. 에투알 개선문은 샤를 드골 에투알 광장위에 서 있는데 에투알은 별이라는 뜻으로 개선문을 중심으로 사방에 12개의 도로가 방사형으로 뻗어있다.

에투알 개선문은 1805년 독일, 이탈리아, 오스트리아의 연합군을 물리친 오스테를리츠 전투에서 승리한 것을 기념하기 위해서 나폴레옹이 건축가 샤를 글랑에게 개선문을 건축할 것을 명령하여 1806년부터 제작되었다. 공사는 30년이 지난 1836년에 완공되었으나 이미 나폴레옹이 죽은 지 15년이나 지나고 난 후였다. 결국 개선문으로 당당하게 개선행렬을 하려고 했던 나폴레옹은 개선문이 완공된 지 4년 후이자 자신이 사망한지 19년이 지나고 나서야 그의 유해행렬이 유배지였던 세인트헬레나 섬에서 개선문을 통과해 앵발리드로 이장하게 되었다. 이 후 레미제라블, 장발장의 작가 빅토르위고의 장례행렬이 이곳을 지나갔고 1차 세계대전의 승전 퍼레이드도 이곳에서 진행되었으며 샤를 드골 장군이 파리의 해방을 선언하기도 했다.

개선문 벽에는 나폴레옹의 승전부조가 새겨져 있고 안쪽 면에는 전쟁에 참여했던 약 600여명의 장군들의 이름이 새겨져 있다. 특히 샹젤리제 거리에서 바라보는 기준으로 우측 기둥에는 역동적인 부조가 일품인데 바로 19세기에 프랑스를 대표했던 낭만주의 조각가 프랑스와 뤼드가 약 4년에 걸러 완성한 부조로서 개선문에 있는 부조 중 가장 유명하다. 이름은 '라 마르세예즈'라고 하며 파리를 지키기 위해 진군하는 병사들의 모습을 표현하고 있다.

개선문 아래에는 전쟁에서 전사한 무명용사들의 무덤이 있는데 그들의 넋을 기리기 위해 1년 내내 불이 꺼지지 않는다. 또한 개선문 아래에는 우리 한국인이라면 꼭 한번 봐야 하는 곳이 있는데 바로 6·25 한국전쟁 때 전사한 프랑스 군인들을 위한 동판이 새겨져있다.

프랑스에서 한국을 뜻하는 COREE와 한국전쟁 시기였던 1950-1953년만 잘 기억하면 어렵지 않게 동판을 찾을 수 있을 것이다. 그곳에서 한 번씩 묵념을 하는 것도 좋을 것 같다.

이제 개선문의 맞은편에 있는 명품 샵들과 건물들, 식당들로 화려한 거리를 한번 살펴보자.

이 거리는 원래 센강의 범람으로 인해 늪지대였으나 1667년 조경의 달인이었던 앙드레 르 노트르가 늪지대를 지금의 모습으로 탈바꿈시켰다. 샹젤리제란 말은 샹(Champs)과 엘리제(Elysees)라는 두 단어가 합쳐지면서 연음작용으로 인해 샹젤리제로 불리게 되는 것이다.

샹젤리제에서 샹은 '들판'이라는 뜻이며 엘리제는 그리스 로마 신화에 나오는 영웅들이 쉬는 곳, 즉 '낙원'이라는 뜻을 가지고 있어 샹젤리제는 '넓은 낙원'이라는 뜻으로 해석된다.

현재는 파리에서 가장 번화한 거리 중 하나이며 각종 명품 샵들이 이곳에 모여 있다. 개선문에서 샹젤리제 거리를 따라 걸어가면 정말 파리에 온 느낌이 확실히 들 것이다. 진짜 파리지앵이 된 느낌… 그 느낌을 느끼면서 걷다가 오른쪽을 살펴보면 높은 건물에 우리가 잘 아는 브랜드 마크가 크게 붙어있다. 바로 LOUIS VUITTON 본사건물이다. 안에 들어가서 물건을 보는 것은 자유로우나 사진 찍는 것은 금지되어 있으니 사진은 건물 밖에서만 찍고 한 번씩 들어가서 LOUIS VUITTON의 물건을 보는 것도 색다른 재미일 것 같다.

나폴레옹과 관련한 세계사 뒷이야기

나폴레옹이 엘바섬에서 탈출 할 당시 언론의 보도 행태

1814년 전쟁에서 패한 나폴레옹은 엘바섬에 유배되었으나, 그 이듬해인 2월에 섬을 탈출하여 남프랑스에 상륙함으로써 전 유럽을 깜짝 놀라게 했다. 나폴레옹이 엘바섬에서 탈출한 이후 파리로 가서 권력을 탈환하기까지 당시 이를 보도하던 파리의 신문 '모니톨' 의 헤드라인이다.

상황에 따라 나폴레옹의 호칭이 변하는 것을 살펴보시기 바란다.

3월 09일 - 악마 엘바섬 탈출

3월 10일 - 코르시카 태생의 늑대, 칸에 상륙

3월 11일 - 맹호, 카프에 나타나다

3월 13일 - 참주, 리용에 있다

3월 18일 - 찬탈자, 60시간이면 수도에 도착

3월 19일 - 보나파르트, 무장군 이끌고 전진 중

3월 20일 - 나폴레옹, 내일 파리 외곽에 도달

3월 21일 - 황제 나폴레옹, 지금 풍텐블로궁에 계시다

3월 22일 - 황제폐하, 어젯밤 튈르리궁에 환궁.

악마, 늑대에서 황제폐하까지… 언론의 이중성을 여실히 보여주는 대목이다.

58명 중 42번째였던 나폴레옹의 성적

코르시카섬에서 귀족의 아들로 태어난 나폴레옹은 10살 때 프랑스로 건너가 상파뉴의 브리엔느(Brienne) 군사학교에 입학했는데, 동급생들은 그의 사투리를 놀려 코끝에 매달린 지푸라기라는 뜻으로 '라파이오네' 라 불리면서 놀렸다. 그는 15살 때 프랑스 왕립 사관학교(Ecole Militaire)에 입학하는데 이 학교는 루이 15세가 창립한 것으로 매년 입학생이 50~60명 정도로서 가난한 귀족 자제들을 훌륭한 귀족 장교로 키워내기 위해 만

들어진 학교였다. 나폴레옹은 이 학교에 입학한 후 1년 만에 졸업했는데, 그의 졸업성적은 58명 중 42번째였다. 하지만 나폴레옹은 어떻게 1년 만에 졸업을 하게 되었을까? 아버지의 죽음으로 인해 집안의 가장이 된 나폴레옹은 누구보다 빨리 직업을 가져서 봉급을 받아야 하는 입장이었기 때문에 보통 3~4년 정도 걸리는 졸업 시험 준비를 1년 안에 마쳐야 했던 것이다. 그걸 감안한다면 비록 58명 중 42등을 하긴 했지만 결코 나쁜 성적이라고만은 볼 수 없다. 특히 나폴레옹의 졸업시험을 심사한 선생님은 바로 '라플라스의 방정식' 으로 유명한 수학자 라플라스였다.

PART 2.
#04
콩코드 광장

가는 길
지하철 1호선, 8호선, 12호선 Concorde 역에 하차하면 금방 찾을 수 있다. 하지만 개인적으로 개선문이나 루브르박물관에서 걸어서 이곳까지 오는 것을 추천한다. 거리로 멀지 않고 길을 따라 일직선으로 주변 풍경을 보면서 걸어가면 개선문, 루브르박물관 어디에서 출발해도 금방 도착할 수 있다.

콩코드는 우리말로 '조화, 화합'이라는 뜻이다. 1755년 건축가 가브리엘이 루이 15세를 위해 설계했다. 그래서 원래는 한 가운데에 루이 15세의 기마상이 있었으나 프랑스 대혁명 당시 시민들에 의해 파괴되었다. 기마상이 파괴된 이후 기요틴이라고 하는 단두대가 이곳에 설치되면서 혁명의 광장으로 불렸고 1793년부터 1795년까지 3년에 걸쳐서 루이 16세, 마리 앙투아네트, 로베스피에르, 당통 등 주요 인사들 1,343명이 이곳에서 형장의 이슬로 사라졌다. 광장에는 주요 도시를 상징하는 8개의 동상과 1829년 이집트의 통치자였던 모하메드 알리가 이집트의 룩소르 사원에서 기증해 프랑스로 가지고 온 오벨리스크가 있다. 콩코드광장에서 가장 많이 언급되는 사건은 바로 프랑스대혁명이고 가장 많이 언급되는 인물은 루이 16세와 마리 앙투아네트이다. 루이 16세는 절대왕정을 이끌었던 루이 14세와 루이 15세의 뒤를 이어 왕위에 올랐고 그 역시 왕권신수설(왕의 권력은 신으로부터 부여받았다는 학설)을 바탕으로 강력한 왕권을 가지려 했으나 이미 백성들은 그 전 왕들의 무분별한 해외원정으로 인해 국고가 축나고 그로 인해 가난과 굶주림으로 지칠 만큼 지쳐있었다. 게다가 오스트리아 합스부르크왕가 출신 왕비였던 마리 앙투아네트의 무분별한 사치 때문에 프랑스 백성들의 분노는 극에 달해있었다. 가난과 배고픔 때문에 분노에 찬 군중들이 시위를 하면서 "우리에게 먹을 빵을 달라!!"라고 외치자 마리 앙투아네트가 "먹을 빵이 없다고? 그럼 케이크를 먹으면 되잖아!"라고 했던 일화는 아주 유명하다. 분노에 찬 백성들은 1789년 7월 14일 마침내 바스티유감옥을 습격하였고 바스티유감옥 습격이 시발점이 되어 프랑스대혁명이 시작되었다. 겁에 질린 루이 16세와 마리 앙투아네트는 외국의 보수 세력만이 왕정을 구해 줄 수 있다고 믿고 치밀한 탈출 계획을 세우게 된다. 실제로 왕의 동생인 루이 18세가 탈출에 성공하자 루이 16세와 마리 앙투아네트 역시 탈출을 감행하는데… 결과는 둘 다 붙잡히게 되었다. 붙잡히게 된 이유에는 마리 앙투아네트의 사치와 허영심이 한몫 단단히 했다. 당시 그들은 왕비였던 앙투아네트의 오빠였던 오스트리아 황제 레오폴드 2세에게 도움을 요청하여 탈출을 시도하는데 탈출을 담당했던 측근들이 탈출 때 사용할 마차를 대령하자 마리 앙투아네트는 기겁을 한다. 왜냐하면 너무나도 작고 허름한 마차가 왕비를 기다리고 있었기 때문이었다. 당시 측근들은 작고 빠른 마차를 이용해 싣고 갈 물건들을 최소화해서 빠르게 이동하기를 권했다. 그러나 마리 앙투아네트는 마차에 왕비가 필요한 물건과 도구를 설치할 것을 요구하였고 결국 작은 마차에서 시작되었으나 결과적으로 마리 앙투아네트가 피난길에 사용한 마차는 말 12마리가 끄는 왕 일가 5명과 7명의 하인까지 탈 수 있었으며 마차 안에는 식당과 와인 저장고 뿐만 아니라 2개의 호화로운 화장실까지 달려있는 초호화 거대마차였다. 누가 봐도 그 마차는 왕실의 마차라는 게 뻔했다. 이 마차를 타고 국경지역인 바렌까지 갔다가 붙잡히게 되어 파리로 강제 송환되게 되는데 파리를 벗어나 국경지역인 바렌까지 간 것 자체만으로도 기적이라는 생각이 든다. 게다가 이들 왕 일가족은 파리를 벗어나자 마차를 세우고 산책까지 즐기는 등 정말 철딱서니도 없고 어처구니도 없는 사람들이었다. 결국 이들의 탈출계획이 성난 군중들의 분노를 더욱 폭발하게 만들어 1792년 왕정은 끝나고 공화정이 선포되며 1793년 1월 21일 루이 16세는 기요틴에서 형장의 이슬로 사라지게 되고 약 9개월 뒤인 10월 16일에는 왕비 마리 앙투아네트 역시 기요틴에 의해 사라지게 된다.

콩코드 광장에서는 오벨리스크를 배경으로 사진을 찍길 권한다. 그리고 어느 곳이나 마찬가지로 화장실 찾기가 어렵다. 콩코드 광장 역시 뛸르리 정원 입구에 화장실이 있으나 유료이기 때문에 항상 공짜로 화장실을 이용하던 우리의 정서와는 맞지 않을 것이다. 그렇기 때문에 콩코드 광장을 오기 전 루브르 박물관에서 이곳으로 온다면 박물관 안에 있는 화장실을 이용하고 만약 개선문부터 시작해서 이곳까지 걸어온다면 샹젤리제 거리를 걸어오면서 맥도날드나 퀵(QUICK) 같은 패스트푸드점에 들어가면 무료로 화장실 이용이 가능하다.

루이 16세와 로베스 피에르의 운명적인 만남

1774년 루이 16세와 마리 앙투아네트가 대관식을 마치고 돌아오다가 루이 학원을 방문했다. 이 때 학원장이 이 학원에서 가장 똑똑한 학생이 있는데 그 학생이 루이 16세의 대관을 축하하는 축하시를 낭독할 수 있는 영광의 기회를 달라고 요청하였고 루이 16세가 허락하자 17세의 어린 학생이 비가 오는 야외에서 무릎을 꿇고 루이 16세를 찬양하는 시를 낭독하였고 루이 16세는 화려한 마차 안에서 학생이 낭독하는 시를 들었다.

그리고 18년의 시간이 흘러 1792년 프랑스 대혁명이 한창일 때 루이 16세는 국민의 적으로 재판을 받게 되었다. 이 때 "왕을 처형하라. 루이는 처형당해야 한다." 라고 외치면서 프랑스 혁명을 주도했던 이가 있었는데 그가 바로 공포정치의 주인공이었던 혁명의 지도자 로베스 피에르였다. 이 로베스 피에르가 바로 예전에 루이 16세를 찬양하는 시를 바쳤던 어린 학생이었다. 18년 만에 뒤바뀐 운명… 정말 아이러니하다는 생각이 든다. 루이 16세를 처형시키고 권력을 차지한 로베스 피에르 역시 공포정치로 인해 반대파에게 숙청당하게 되어 결국 그도 기요틴에 의해 형장의 이슬로 사라지게 된다.

기요탱 박사가 단두대 기요틴을 발명하였다? 그리고 그 역시 기요틴에 처형당했다?

단두대가 사용되기 이전에는 도끼나 낫으로 사형수의 목을 베었는데 실력이 부족한 집행관이나 도끼나 낫의 날이 무디어졌을 경우에는 한번에 목이 잘리지 않아 극심한 고통이 따르게 되자 사형수가 고통 없이 죽을 수 있는 기계의 도입을 원하게 되었다.

1789년 프랑스 외과 의사이자 파리 대학 해부학 교수였던 조제프 이냐스 기요탱이 국민의회에 제안하면서 채택된 단두대는 기요탱 박사가 발명해서 그의 이름을 따서 기요틴이라는 이름이 붙여진 것으로 알려져 있다.

하지만 실제로는 그가 발명한 것이 아니라 프랑스 남부와 이탈리아에서 오래전부터 사용하던 것을 기요탱 박사가 사형수도 고통 없이 죽을 권리가 있다고 주장하면서 제안한 것이고 현재까지도 진짜 발명자는 누구인지 밝혀지지 않고 있다.

프랑스 대혁명 때 루이 16세와 마리 앙투아네트, 로베스 피에르, 당통 등 수많은 사람이 단두대에서 형장의 이슬로 사라지게 되었고 심지어는 기요탱 박사 역시 기요틴에 의해 처형되었다는 이야기가 있는데 이것은 잘 못 전해진 것이다. 기요탱은 1814년 종기 때문에 사망하였고 죽기 전까지 자신의 이름이 단두대의 이름으로 불리는 것에 대해 강력한 불만을 나타내었다. 그의 자손들은 기요탱이라는 이름이 단두대에 사용되는 것은 부당하다는 소송을 제기했으나 결국 패소하여 기요탱 박사가 사망한 후 그의 자손들은 성을 바꿔버렸다.

프랑스에서는 최근까지 기요틴을 사형집행도구로 사용하였으나 너무 잔인하다는 이유를 들어 1981년에 폐지되었다.

PART 2. #05 루브르 박물관

가는 길

지하철 1호선, 7호선 Palais-Royal Musee du Louvre역에서 하차하여 'Musee du Louvre'방향으로 나오면 옆에 거대하고 화려한 건물이 보이는데 그 건물 안쪽으로 들어가면 루브르 박물관의 명물인 유리피라미드를 찾을 수 있다. 유리 피라미드 입구에서 줄을 서서 기다린 후 간단한 짐 검사를 마치고 아래로 내려가면 루브르 박물관 입장권 창구와 드농, 리슐리, 술리의 3개 전시관으로 들어가는 입구를 찾을 수 있다. 입장권을 구입한 후 원하는 전시관으로 들어가면 된다. 또는 1호선을 타고 왔을 경우에는 지하철역에 하차하여(7호선을 탔을 경우에는 1호선이 다니는 곳으로 이동) 7번 출구로 나가면 루브르 박물관과 지하로 연결되어 보다 편리하게 박물관 입구까지 갈 수 있다.

　루브르 박물관은 원래는 북쪽 이민족으로부터 시테섬을 방어하기 위해 필립 오귀스뜨 왕이 1190년에 세운 요새 '루파라'가 시초였다. 그 후 샤를 5세 때 왕궁으로 변하였고 프랑수아 1세 때 피에르 레스코가 르네상스 풍 건물로 개축하면서 미술품을 전시하는 박물관으로 바뀌게 되었다. 그 후 앙리 2세의 왕비였던 카트린 드 메디치의 명으로 뛸르리 궁전을 지었고, 센강 남쪽에 뛸르리 궁전과 루브르 궁전을 잇는 회랑공사를 하였다. 나폴레옹 3세 때인 1852년에 센강 북쪽에도 같은 회랑 공사를 완공하면서 디귿(ㄷ)자 모양의 건물이 완성되었다. 이 건물이 지금의 박물관이 되었다. 루브르는 루이 15세 때 유물을 대중들에게 공개하자는 주장이 나왔고 루이 16세까지 주장이 계속되었으나 결국 프랑스 대혁명 때 '중앙예술박물관'이라는 이름으로 박물관을 개장

하는데 당시에는 그 역할을 제대로 수행하지 못했다. 그러다가 나폴레옹이 집권한 후 프랑스는 원정국에서 약탈한 예술품들과 문화재를 이곳에 채워 넣는 동시에 대대적인 매입 작업을 병행하면서 거대한 미술관으로 거듭나게 되었다. 하지만 현재까지도 약탈한 예술품들에 대한 반환문제로 세계 각 국가들과 신경전을 벌이고 있는 실정이다. 1981년에는 미테랑 대통령의 그랑 루브르 계획으로 전시관이 확장되고 1989년에는 프랑스혁명 200주년을 기념해서 중국계 건축가였던 '아이 엠 페이'가 설계한 603장의 유리로 이루어진 유리 피라미드를 세우게 되었다. 유리 피라미드가 처음 세워졌을 당시에는 루브르의 고풍스러움을 해친다는 비판이 거셌지만 현재는 유리 피라미드가 과거와 현재를 절묘하게 융합시키고 있다는 평가를 받고 있다. 현재 루브르 박물관 내 전시실에는 약 40만점의 유물이 전시되어 있어 한 작품 당 30초씩만 감상해도 일주일이 넘게 걸릴 정도로 어마어마한 규모를 자랑하고 있다. 그렇기 때문에 시간적 여유가 없는 관광객들은 주요 유물을 중심으로 감상하면 대략 2시간 정도 소요된다. 미술에 대해 관심이 많은 사람이 아니라면 2시간이라고 해도 결코 짧은 시간이 아니기 때문에 동선을 잘 짜서 다니는 것이 중요하다. 동선 파악이 어렵다면 인포메이션 센터에서 무료로 배포하는 한국어가이드 팸플릿을 이용해도 된다.

루브르 박물관에서 볼 수 있는 주요 작품은 다음과 같다.

☑ 반항하는 노예상과 죽어가는 노예상

미켈란젤로가 조각한 작품으로서 1505년 율리우스 2세가 자신의 영묘 건축을 명령했을 때 무덤 입구를 장식한 목적으로 제작된 것이었다. 그러나 율리우스 2세와의 불화로 인해 이 계획은 축소·변경되었고 이로 인해 이 두 조각상들은 영묘 안으로 들어가지 못하게 되었다. 총 6체의 조각상이 제작되었으나 이 중 2체만 루브르 박물관에 있고 나머지 4체는 아카데미아 미술관에 보관되어 있다. 우리가 이 조각상들을 바라봤을 때 하나의 조각상은 두 손을 뒤로 결박당한 채 몸부림치고 있는 모습이고 나머지 하나는 왼손은 머리 뒤로 올리고 오른손은 가슴위에 살짝 올려놓고 편안한 모습으로 눈을 지긋이 감고 있는 모습이다. 과연 이 두 개의 조각상 중 살아있는 노예상과 죽어가는 노예상은 각각 무엇일까? 답은 편안한 모습을 하고 있는 조각상이 죽어가는 노예상이고 몸부림치고 있는 노예상이 살아있는 노예상이다. 미완성 작품인 살아있으면서 반항하고 있는 노예상을 보면 율리우스 2세의 영묘를 꾸미기 위해 조각을 해야만 하는 당시 교회의 억압과 권력에 결박당한 채 조각해야만 했던 미켈란젤로 자기 자신의 모습을 비유적으로 이야기하는 것은 아닐까? 죽어가는 노예상은 누가 봐도 편안하고 행복한 표정의 모습인데 그건 아마도 육체와 힘든 현실 속에서 살아가는 육체라는 감옥에서 벗어나 드디어 영혼의 자유로움을 얻게 된 기쁨과 편안함을 표현하고자 한 것은 아닐까? 이 조각상들을 보면 천재 미켈란젤로가 생각했던 생사관에 대해 조금은 이해할 수 있을 것 같다.

☑ 에로스와 프시케

이 작품은 18세기 신고전주의의 대표적인 이탈리아 조각가였던 안토니오 카노바가 1789년에 완성한 것으로 잠에 든 프시케를 키스로 깨우는 에로스의 모습이 조각되어 있다. 에로스와 프시케 이야기는 2세기 무렵에 활동한 작가인 아필레이우스의 '황금 나귀'에 삽입된 이야기 속의 이야기로 나온다. 호기심 많은 주인공 루시우스는 주술에 너무 빠진 나머지 나귀로 바뀌어 인간세상의 쓴맛을 다 겪고 나서 장미화환을 먹은 뒤에 다시 사람으로 되돌아온다. '황금 나귀'는 부제가 '변신'으로 루시우스가 이곳저곳을 떠돌며 여러 부류의 인물군들을 만나는 피카레스크적 구성을 보여준다. 그 중 도적떼한테 붙들여 온 처녀한테 노파가 슬픔을 달래려고 해주는 이야기가 '에로스와 프시케'이다.

프시케는 공주였는데 세 딸 가운데 막내로서 가장 아름다운 용모를 지니고 있었다. 그녀의 용모는 말로 형용할 수 없을 정도로 아름다웠기 때문에 사람들이 그녀의 아름다움에 경탄하여 그녀를 찬양하는 것을 보고 아프로디테의 질투를 사게 된다. 아프로디테는 아들 에로스를 시켜 프시케가 미천한 사람을 좋아하게 만들어 그가 나중에 큰 굴욕을 당할 수 있도록 지시하지만, 오히려 에로스는 프시케를 보고 한 눈에 반하게 된다.

둘은 서로 사랑에 빠지지만 신이기 때문에 자신을 드러낼 수 없었던 에로스는 절대 자신의 모습을 보려하지 말라고 당부를 하지만 예전 아폴론의 신탁에서 '인간과 결혼하지 못하고 괴물과 결혼할 것이고 그의 뜻을 신도 인간도 거스를 수 없다' 라는 답변을 들었던 프시케는 밤마다 자신을 찾아오는 자신의 남편의 모습이 너무나도 궁금했지만 자신을 믿고 신으로 숭배받기 보다는 인간으로 사랑받기 원한다는 남편의 말을 믿고 순종하였으나 어느 날 프시케의 초대를 받고 온 두 언니들이 호화로운 생활을 하고 있는 프시케에 질투를 느껴 프시케에게 예전 신탁을 상기시키며 분명 괴물이기 때문에 못 보게 할 것이고 아마 프시케에게 맛좋은 음식을 먹인 후 잡아먹으려는 것이니 미리 등잔과 날카로운 칼을 준비한 후 남편이 깊이 잠에 들면 등잔을 켜고 괴물인지 아닌지 확인한 후 괴물이라면 주저 없이 목을 베어서 자유를 찾으라고 프시케를 회유하였고 순진한 프시케는 언니들의 말을 믿고 그대로 실행하게 되었다.

이윽고 남편이 돌아오고 남편이 잠들어 있을 때 등잔불을 밝혀 잠자고 있던 남편을 봤는데 괴물이 아닌 금발머리가 매력적인 아주 멋진 에로스가 잠들어 있는 것을 보고 기쁨에 젖어 보다 자세히 보려고 등불을 기울였을 때 뜨거운 기름 한 방울이 에로스의 어깨 위에 떨어지게 되었다. 그 바람에 에로스가 잠에서 깨어나고 자신을 믿지 못하고 약속을 지키지 않은 프시케에 화가 난 에로스는 분노하면서 떠나고 말았다. 프시케는 에로스를 찾아 떠나게 되고 에로스를 다시 만나기 위해 아프로디테의 과제를 하나하나 풀어나가기 시작하는데 마지막 과제에서 그만 호기심을 이기지 못하고 명부의 죽음의 잠이 들어있는 상자를 여는 바람에 영원한 잠에 빠지게 된다. 자신을 찾다가 영원한 잠에 빠져버린 프시케를 본 에로스는 제우스에게 프시케를 살려달라고 간청하고 프시케는 잠에서 깨어나 둘은 행복한 삶을 살았다는 이야기이다.

에로스와 프시케를 본 후 계속 직진하면 오른편에 보르게즈의 검투사 조각을 볼 수 있는데 적으로부터 자신을 보호하면서 공격할 준비를 하고 있는 모습이 매우 인상적이다. 보르게즈의 검투사상을 지나서 직진하면 계단이 보이고 계단 위로 올라가면 꼭대기에 뱃머리에 서 있는 거대한 조각상을 만나게 되는데 그 조각상이 바로 승리의 여신 니케상이다.

☑ 사모트라케의 니케

  사모트라케섬에서 발견된 니케상은 기원전 190년경 로도스의 유다모스가 시리아의 안티오코스대왕과의 해전에서 승리한 것을 기념하기 위해서 제작해 신전에 바친 그리스 헬레니즘기의 작품이다. 목과 두 팔이 잘려나가 있는 모습을 하고 있지만 전체적인 균형은 아주 잘 잡혀있어 완벽함을 나타내고 있다. 작가가 누구인지는 밝혀지지 않았고 1863년 프랑스의 샤를 샹프아소 부총독이 그리스의 사모트라케섬에서 100여개의 조각으로 조각난 것을 발견하여 가지고와 복원하여 지금은 사모트라케의 니케라 불리고 있다. 현재는 오른손이 발견되어 석상 오른편에 따로 유리 상자 안에 보관되어 있다. 그렇다면 오른팔은 원래는 어떤 모습을 하고 있었을까? 아마도 승리를 알리기 위해 오른팔을 높이 올리지 않았을까 생각된다. 그런데 왼팔과 왼손은 발견되지 않아 그 모습이 궁금한데 다른 조각이나 그림들에서 니케를 표현한 것을 보면 아마도 승리의 나팔을 불고 있는 모습이지 않을까 추측해 볼 수 있다.

  니케는 그리스 신화에 나오는 승리의 여신으로서 올림푸스 신들의 전쟁 기간토마키아에서 제우스의 편을 들어 승리를 이끔으로써 승리의 여신이라는 칭호를 받게 된다. 영어로는 나이키라고 읽기 때문에 유명 브랜드의 이름과 로고가 니케의 이름과 날개에서 나오게 된다. 또한 로마신화에서는 빅토리아라고 부르기 때문에 승리를 뜻하는 영어 Victory 역시 이 여신의 이름에서 나오게 된다. 니케는 티탄족인 팔라스와 강의 여신 스틱스 사이에서 태어났다. 스틱스 강이 이승과 저승 사이에 흐르는 강이다 보니 니케의 남매들을 보면 폭력의 신 비아(폭력을 의미하는 영어 Violence의 어원이 된다), 권력의 신 크라토스, 경쟁의 신 젤로스(질투를 의미하는 영어 Jealous의 어원이 된다)들이다. 고로 승리와 행운의 여신인 니케 역시 우리가 일상생활에서 얻을 수 있는 단순한 행운이 아니라 니케가 승리의 여신이라는 칭호를 부여받았던 신들의 전쟁에서도 알 수 있듯이 다른 사람과 혹은 다른 나라와의 전쟁, 권력. 경쟁에서의 승리와 행운을 의미하는 것이다.

사모트라케의 니케상은 하늘에서 뱃머리로 내려와 서 있는 모습을 하고 있으며 영화 타이타닉에서 아주 유명한 두 주인공의 뱃머리장면은 이곳에서 모티브를 얻은 것이다.

이제 2층으로 올라가서 니케상 맞은편에 있는 회랑으로 들어가면 루브르에서 자랑하는 아주 유명한 회화작품들을 만날 수 있다.

☑ 사비니 여인들의 중재

사비니 여인들의 중재라는 이 그림은 1799년 프랑스의 대표적인 고전주의 화가였던 자크 루이 다비드가 고대 로마건국시기의 일화를 그린 것으로 건국 초기 로마인들은 대부분 남자들이었는데 나라의 번성을 위해서는 인구증가가 절실히 필요했다. 따라서 로마를 건국한 로물루스는 바다의 신 넵튠의 신전이 발견되었다는 거짓 축제를 열고 주변국이었던 사비니 부족민들을 초대해 그들을 취하게 한 후 젊은 사비니 여인들을 납치하는 계략을 꾸몄다. 그 계략은 성공하였고 여인들을 강탈당한 사비니족들은 처녀들을 돌려달라고 요구하였으나 로물루스가 거부하자 결국 네 번의 전투가 일어나게 되었다. 3년 후 네 번째 전투에서는 사비니족 타티우스가 군대를 일으켜 로마로 쳐들어갔지만 로마에서 이미 로마인들의 아이까지 낳은 사비니족의 여인들이 그들의 싸움을 말리는 바람에 로마와 사비니는 서로 싸우지 않고 협정

을 맺게 되었다. 그림을 살펴보면 양쪽 칼을 들고 있는 남자들 가운데에서 적극적으로 말리는 여인은 '헤르실리아'이고 왼쪽에서 칼을 들고 있는 사람이 그녀의 아버지인 타티우스, 오른쪽에 로마라고 쓰여 있는 방패를 들고 있는 사람이 로마를 건국한 로물루스이다. 그리고 그들 아래에서 장난치고 있는 아이들은 로물루스와 헤르실리아의 아이들이다.

다비드는 이 그림을 프랑스대혁명이 한창 진행 중일 때 그렸는데 다비드는 단순한 화가를 뛰어넘어 국민의회 활동에도 깊이 개입하는 등 정치적으로도 이름을 떨쳤다. 특히 루이 16세의 처형을 주장했던 자코뱅당의 지도자 로베스피에르와도 친구였다.

이 그림은 같은 프랑스인끼리 피를 흘리는 동족상잔의 아픔을 나타내고자 했던 다비드의 마음이 들어가 있다. 그림 속에서 당시 시대적 상황이나 정치적인 의도가 반영되어 있지만 피로 얼룩진 혁명 이후 갈등을 넘어 화해를 염원하는 작품으로 이해할 수 있다.

이 그림 옆에는 엄청나게 큰 작품이 있는데 그 그림이 바로 다비드가 추종했던 나폴레옹의 황제 대관식이라는 작품이다.

☑ 나폴레옹의 황제 대관식

다비드의 대작 나폴레옹의 황제 대관식은 1804년 7월 국민 투표에서 프랑스의 황제가 된 나폴레옹이 같은 해 12월 파리 노트르담 성당에서 거행했던 황제 대관식을 바탕으로 그려낸 작품으로써 나폴레옹에 대한 다비드의 충성심을 잘 알 수 있다.

다비드는 이 작품을 위해 1년에 가까운 준비 작업과 2년여의 제작 과정을 거쳐 완성하였고 현재 루브르 박물관에서 가장 큰 그림인 베로네세의 가나안의 결혼식보다 약간 작은 크기이다.

　나폴레옹은 스스로 황제에 오른 만큼 대관식 역시 일반적인 프랑스의 왕과는 다른 행보를 보였는데 그 중 첫 번째는 대관식을 거행했던 장소가 노트르담 성당이라는 점이다. 역대 프랑스의 부르봉왕가에서는 랭스 대성당에서 대관식을 거행했었는데 나폴레옹은 노트르담 성당을 선택해 역대 왕들과 황제가 된 자신은 다르다는 차별성을 강조하였고 두 번째는 당시에는 왕을 임명할 때 교황이 왕에게 왕관을 씌어주면서 임명을 하고 축하해주는데 나폴레옹은 스스로 왕관을 쓰고 황후인 조세핀에게 왕관을 씌어주는 파격적인 행동을 하게 된다. 그래서인지 왕관을 들고 있는 나폴레옹의 뒤편에 앉아있는 교황 피우스 7세는 뻘쭘한 표정과 몸짓으로 나폴레옹을 축복해주고 있으며(원래는 그냥 무릎위에 손을 올려놓고 있는 모습을 그렸으나 나폴레옹이 황제를 축복해주는 모습으로 바꾸라고 명령하였고 다비드는 다시 수정하여 오른손을 들어 축복하는 모습으로 바뀌게 되었다.) 그 옆에 있는 가톨릭의 성직자들이 교황을 무시한 나폴레옹을 매서운 눈빛으로 쩨려보고 있는 것을 발견할 수 있다. 사실 가톨릭교회와 사이가 그렇게 좋지 않았던 나폴레옹이 교황청과 화해하면서 교황 피우스 7세에게 대관식을 주재해달라고 요청을 했을 때 교황은 드디어 나폴레옹을 자신의 발아래 무릎을 꿇게 하면서 가톨릭교회의 위상을 높이고자 생각하고 대관식에 참석하여 나폴레옹의 이마와 두 팔, 두 손에 성유를 바르고 검을 채워주고 황제에 홀을 건네준 후 교황이 나폴레옹에게 샤를마뉴 대제의 왕관을 씌우려하자 나폴레옹은 교황의 예상과는 달리 스스로 왕관을 받아들고 관중들을 향해 돌아선 후 자신의 머리에 써버렸다. 또한 나폴레옹은 스스로를 샤를마뉴 대제를 계승한 것이 아니라 로마의 황제와 동일시하기를 원했다. 그래서 왕관 역시 월계관의 모습을 하고 있었고 나폴레옹이 입은 옷도 고대 로마의 복식인 토가의 형태를 취하고 있는 것이다.

다비드는 이 작품을 그릴 때 나폴레옹이 왕관을 직접 쓰는 모습을 그리려고 하였으나 그것은 신권을 모독하는 것으로 비춰질 수 있기 때문에 바람직하지 못하다고 판단해 나폴레옹이 황후인 조세핀에게 왕관을 씌우려고 하는 모습을 표현하기로 결정했다. 물론 나폴레옹은 반대했지만 조세핀이 끈질기게 설득해서 작품의 내용이 변경되게 되었다. 그래서 마치 나폴레옹이 주인공이 아니고 조세핀이 주인공 같은 느낌도 든다. 그렇게 보일 것을 알고 조세핀이 더욱 더 나폴레옹을 설득했으려나? 또한 다비드는 인물의 모습 등 당시 대관식의 모습을 최대한 사실적인 부분을 강조하려고 하였지만 몇 가지는 사실과 다른 모습을 그려 넣었는데 우선 나폴레옹보다 6살이나 연상이고 당시 나이가 마흔이 넘은 조세핀의 모습이 너무나도 젊고 아름답게 그려졌고 당시 대관식에 참여하지 않은 사람들도 그려 넣었다. 바로 나폴레옹의 어머니 레티치아와 추기경 카프라라가 그러한데 교황 피우스 7세 옆에 서 있는 사람이 바로 추기경 카프라라이다. 카프라라는 병중이어서

대관식에 참여하지 못하였다. 그리고 중앙에 있는 발코니 1층 정중앙에 앉아있는 여인이 있는데 그 여인이 바로 나폴레옹의 어머니인 레티치아이다. 나폴레옹의 어머니인 레티치아 역시 대관식에 참여하지 않았는데 그 이유는 무엇일까? 카프라라처럼 몸이 안 좋아서? 아니다. 바로 나폴레옹의 가정사 때문이었다. 당시 6살이나 연상에다가 애가 둘이나 딸린 이혼녀인 조세핀과 결혼한 나폴레옹이 못내 마음에 들지 않았던 레티치아는 나폴레옹이 동생 루시앵이 자신의 마음에 들지 않는 여인과 결혼한 것 때문에 화가 나서 대관식 참석을 금지시키는 것을 보고 나폴레옹의 행동에 노발대발하면서 루시앵이 있는 로마로 가 버렸기 때문이다.

이제 발코니의 2층을 살펴보자. 2층 뒷줄 왼쪽 구석에서 한 남자가 스케치북에 열심히 그림을 그리고 있는데 그가 바로 다비드 본인의 모습이다.

작품의 오른쪽 아래에 등을 돌리고 서 있는 남자들이 있는데 그들은 회계국장관인 '샤를 프랑수아 르브렁', 대법원장인 '장 자크 레지 캉바세레스', 국방장관을 지낸 '루이 알렉상드르 베르티에르', 시종장인 '탈레랑'이다. 그리고 탈레랑 바로 위에 나폴레옹의 검을 지팡이처럼 짚고 나폴레옹을 바라보고 있는 한 소년이 조세핀의 아들 '외젠'이다.

작품의 왼쪽 가장자리를 살펴보면 남자 두 명이 보이는데 바로 나폴레옹의 형제들인 '조제프'와 '루이'이다. 나폴레옹은 1806년 이 두 사람에게 왕국을 주어서 조제프는 나폴리의 왕, 루이는 네덜란드의 왕이 되었다. 그리고 그 옆에 있는 여인 다섯 명 중 왼쪽에서 시작해서 세 명까지는 나폴레옹의 누이동생인 '캐롤린 뮈라', '폴린 보르게제', '엘리사 바치오키오' 그리고 그 옆에는 조세핀의 딸이자 루이의 아내인 '오르탕스 드 보아르네'와 어린 '샤를'왕자와 함께 있는 조제프의 아내

'줄리 클라리'의 모습을 확인할 수 있다.

흥미로운 것은 다비드는 루브르 박물관에 걸려있는 나폴레옹의 황제 대관식을 완성한 후 베르사유 궁전에 걸려있는 똑같은 대관식 그림을 완성하는데 베르사유 궁전에 있는 나폴레옹의 대관식 작품에는 나폴레옹의 누이동생 중 왼쪽 두 번째 동생인 '폴린'의 드레스 색깔만 핑크색으로 꾸며져 있다. 그렇게 그린 이유는 정확히는 모르지만 아마도 다비드가 폴린을 짝사랑했기 때문이고 그 일 때문에 나폴레옹이 노발대발했다는 이야기가 전해지고 있다.

나폴레옹에 의해 궁정화가에 올라 승승장구했던 다비드는 1814년 나폴레옹이 원정에서 실패하면서 실각하게 되자 그를 추종했던 세력들도 몰락하기 시작했는데 다비드 역시 1816년 브뤼셀로 망명하여 다시는 조국으로 돌아오지 못한 채 타국에서 숨을 거두게 되었다.

나폴레옹의 대관식을 바라보고 왼쪽으로 걸어가면 전시실을 나가기 전 가운데에 나체의 여인이 그려져 있는 작품을 만나게 되는데 그 작품이 바로 앵그르의 그랑 오달리스크라는 아주 유명한 작품이다.

☑ 그랑 오달리스크

그랑 오달리스크에서 그랑은 Grand를 의미하고 오달리스크는 터키어 오달릭(Odalik)에서 연유한 것이다. 오달리크는 바로 터키의 술탄의 여자 노예를 의미하는 말이다. 오달리스크란 말은 오달리크에서 연유된 것이지만 회화에서는 보통 길게 침대에 드러누워 있는 이국 취향의 여성 누드를 의미하는 말로 쓰이곤 한다.

이 작품은 프랑스의 대표적인 신고전주의 화가였던 다비드를 계승한 '장 오귀스트 도미니크 앵그르'의 작품이다. 신고전주의학파의 대가답게 주름 한점 없는 얼굴과 발 그리고 흠을 찾을 수 없을 정도로 완벽한 붓 처리와 매끈한 곡선의 몸매를 표현해내고 있다. 하지만 오달리스크의 여인을 보면 이상하게도 길게 휘어진 등을 발견할 수 있다. 일반적인 사람보다 마치 척추 뼈가 하나 더 있는 듯한 긴 등은 보는 사람으로 하여금 의아함을 품지 않을 수 없게 한다. 앵그르는 다비드의 제자이자 추종자였지만 그리스, 로마 미술과 절제된 구도와 색채, 명확하고 안정감 있는 형태로 신고전주의의 이상을 실현했다. 앵그르는 사실적인 묘사를 중시했지만 해부학적인 정확도보다도 자신이 생각하는 아름다움의 이상을 위해 인체의 변형 따위는 중요치 않다고 생각했다. 오달리스크에서 고의로 길게 그린 여자 노예의 등은 아름다움을 중시하는 앵그르가 기존의 신고전주의 화풍에 낭만적인 자신의 감성을 부여한 것으로 생각할 수 있다.

그림 속 여종은 술탄의 애첩들이 사는 이국적인 공간인 하렘 속에서 관능적인 모습으로 남자들을 유혹하고 있다. 하지만 손가락으로 푸른 커튼을 끌어당기고 있으면서 이곳은 술탄 이외에 다른 남자들은

접근할 수 없다는 것을 암시하고 있다.

또한 이 작품은 단순히 아름다운 여인을 그리는 것이 목적이 아니라 당시 오스만투르크 제국과의 전투에서 패해 이슬람 영토를 잃어버린 프랑스로서는 패한 전쟁에서 이길 수 있을만한 보상심리가 필요했었고 오스만투르크 제국의 술탄의 은밀한 부분을 모두가 볼 수 있는 그림에 담아내면서 그들에 대한 심리적인 정복욕을 감추고 있다고 생각할 수 있다.

당시에는 다비드를 계승한 앵그르를 주축으로 하는 신고전주의파와 낭만주의파들의 대립이 극심했다. 모범과 애국심을 강조하고 완성미를 추구하는 신고전주의와 인간의 감성과 본능 그리고 자연 본연의 모습을 강조하는 낭만주의는 서로 대립했었는데 신고전주의학파의 축이었던 앵그르의 오달리스크를 포함한 터키탕이나 샘 등 다른 작품들을 보면 앵그르 역시 신고전주의에서 인간의 관능과 자연적인 모습 그대로를 추구하는 낭만주의적인 요소가 들어가 있는 것 같다. 외국으로 망명한 다비드는 신고전주의를 이끌 후계자로서 앵그르를 지목했으나 앵그르가 자신의 뜻과는 달리 낭만주의로 기울어져 앵그르만의 개성이 드러나 있는 작품을 만들자 앵그르를 비판하면서 다시 돌아오라고 끊임없이 충고하였고 앵그르는 자신이 추구하고자 하는 예술과 스승인 다비드의 비판 사이에서 갈등과 고민을 거듭하다가 결국 파리의 센 강에 몸을 던져 생을 마감하게 되었다.

그랑 오달리스크를 감상한 후 전시실 밖으로 나가면 직진 혹은 왼쪽으로 들어갈 수 있는데 일단 직진해서 낭만주의학파의 회화를 감상한 후 다시 돌아와서 왼쪽 방으로 들어가는 것이 효율적이다.

☑ 메두사호의 뗏목

이 작품은 테오도르 제리코가 사실을 바탕으로 1819년에 발표한 작품이다. 테오도르 제리코는 들라크루아의 선배로서 들라크루아보다 먼저 낭만주의 회화의 장을 연 화가이다. 메두사호의 뗏목은 실제 일어났던 사건을 배경으로 하고 있는데 그 사건은 다음과 같다. 1816년 6월 왕실 해군소속배인 메두사호는 파리에서 프랑스인을 태우고 식민지였던 세네갈로 행하던 중 난파를 당하게 되었다. 귀족출신인 뒤루아드 쇼마레 선장과 선원들은 구호선으로 도피하고 그 배에 나머지 승객들을 실은 뗏목을 이어서 탈출하기로 했지만 많은 인원이 전부 탈출하기에는 무리라는 판단이 들자 선장은 149명에 달하는 승객들과 이어져 있던 뗏목의 밧줄을 끊어버렸다. 망망대해에서 12일 동안 표류하다가 아르고스 함대에 발견되어 구조되었을 때 살아남은 사람은 고작 15명이었다. 생존자 중 5명은 육지에 도착하자마자 죽었다. 10명의 생존자 중 코레아드와 사비드라는 두 명의 생존자가 당시 상황을 글로 발표하면서 이 사건이 세상에 알려지게 되었다. 생존자들의 이야기에 따르면 이들은 난파된 지 이틀 만에 폭동이 일어났고 셋째 날에는 살아남기 위해 죽은 사람의 인육을 먹기까지 했다고 한다. 인육까지도 먹어야했던 끔찍하고 참혹했던 상황을 제리코는 최대한 사실적으로 묘사했는데 그러기위해 그는 생존자들에게 직접 당시의 상황을 전해 듣기도 하고 시체안치소에서 실제 시신들을 관찰하면서 사람이 죽고 난 후 부패된 시신의 모습이나 모형뗏목을 만들어 풍랑이 치는 바다에 띄우는 등 여러 방법을 동원해 당시의 절박했던 상황을 그대로 캔버스에 담아냈다. 제리코의 그림은 전반적으로 색이 어둡고 음침한데 아마도 음울한 성격이었던 제리코의 성향이 그대로 반영되어 있는 것 같다.

작품을 살펴보면 뗏목 위에서 이미 죽어서 부패하고 있는 시신과 죽은 사람을 끌어안고 있는 늙은 아버지 그리고 작품 오른편에는 통 위에 올라가서 저기 저 수평선위에 가물가물하게 보이는 배를 보고 필사적인 몸부림으로 천을 흔들며 구조요청을 하고 있는 사람들의 모습이 보인다. 그리고 돛대 근처에서 바다를 향해 손을 들고 있는 남자와 그 옆에 있는 남자가 바로 이 사건을 세상에 알린 두 명의 생존자 코레아드와 사비니이다. 삶에 대한 강렬한 열망과 의지… 희망이 없는 극한 죽음의 위기 속에서도 살아남기 위한 인간 본연의 몸부림, 객관적이기 보다는 주관적, 지성보다는 감성이야 말로 제리코가 추구했던 낭만주의 회화의 중요한 소재였던 것이다. 하지만 어수선하고 뒤죽박죽된 상황을 그려내면서도 제리코는 왼쪽의 뗏목의 노를 중심으로 하나의 삼각형, 오른쪽에 손을 높이 들고 구조요청을 하는 사람을 중심으로 하나의 삼각형, 총 두 개의 삼각구도로 배치하고 등장인물들 역시 왼쪽 아래에서 오른쪽으로 대각선 위에 나란히 배치하면서 무질서와 극도의 혼란 속에서도 안정감 있는 모습을 보여주고 있다. 예전에는 작품을 통해 무지한 사람들을 가르치려 했던 교훈적인 내용이 주

를 이루었다면 이 작품은 사람 내면에 잠재되어 있는 폭력성을 고발하고 알리는 수단으로 사용되었다. 당시 이 작품은 프랑스 아카데미를 강타하였고 들라크루아 등 후대 화가들에게 낭만주의화풍을 알리는 신호탄이 되었다. 제리코의 메두사호의 뗏목 옆에는 약간 작은 그림이지만 교과서나 책에서 자주 볼 수 있는 작품이 있는데 그 작품이 바로 들라크루아의 민중을 이끄는 자유의 여신이다.

☑ 민중을 이끄는 자유의 여신

1830년 7월 28일이라는 부제목을 가지고 있는 이 작품은 1830년 7월 프랑스 혁명 중 가장 격렬했던 기간 가운데 하루를 표현한 것이다. 샤를 10세의 절대주의 체제에 파리시민이 항거하면서 7월 27일부터 시작된 혁명은 3일째인 29일 왕궁으로 진입하면서 샤를 10세를 몰아내고 8월 3일 시민왕 루이 필립이 왕에 즉위하게 되었다. 혁명이 일어난 다음해인 1831년 5월에 살롱에 전시된 이 작품은 정치적 성향이 강했던 낭만주의 화가 외젠느 들라크루아가 자신만의 방법으로 혁명을 지지하면서 완성시킨 작품이다. 들라크루아는 1830년 10월 18일 자신의 형에게 편지를 보내는데 그 내용은 "내가 조국을 위해 직접 싸우지는 못하더라도 조국을 위해 그림을 그릴 수는 있다"라는 내용이었다. 작품을 살펴보면 하늘에는 먹구름이 짙게 껴있는데 바로 당시의 혼란스러움과 암울했던 시대적 배경을 나타낸 것이다. 가운데에는 한 여인이 '자유, 평등, 박애'를 상징하는 프랑스의 삼색기를 들고 혁명군들을 이끌고 있는데 이 여인이 바로 자유의 여신 '마리안느'이다.

마리안느 옆에서 높은 모자를 쓰고 두 손을 총을 쥔 남자가 있는데 바로 들라크루아 자신의 모습이다. 당시의 혁명을 지지하고 조국을 사랑하는 마음을 회화를 통해 드러내고자 했던 들라크루아의 열정이 보이는 장면이다. 그리고 반대쪽에서 두 손에 권총을 쥐고 전진하는 어린 소년이 있는데 이 소년의 모습을 보고 빅토르 위고는 영감을 얻어 자신의 작품 '장발장'에서 나오는 고바로슈의 모델로 삼기도 했다. 혁명군 뒤편이자 작품 오른쪽 위에는 멀리 안개에 껴있는 건물이 보이는데 바로 노트르담 성당과 바스티유 감옥이다. 이 그림을 그려 넣은 이유는 바로 우리의 혁명은 신의 명령을 받은 것이고 예전 프랑스대혁명의 정신을 계승하자는 의미로 해석할 수 있고 가운데 밝게 빛나는 마리안느에 비해 전체적으로 어둡고 무거운 느낌이 나는 배경을 나타내면서 혁명의 숭고함과 신성함을 보다 더 상징적으로 나타내고 있다.

민중을 이끄는 자유의 여신 맞은편에는 사르다나 팔루스 왕의 죽음이라는 들라크루아의 또 다른 작품이 있는데 죽음을 소재로 그렸

을 때 메두사의 뗏목을 그린 제리코와 어떤 차이점이 있는지 생각하면
서 감상하면 재미있을 것 같다.

이제 다시 오던 길을 돌아 나와 전시실 바깥으로 나온 후 오른쪽
방으로 다시 들어가면 벽이 보이고 벽 뒤로 사람들이 몰려있는 것을
확인할 수 있다. 지금 보고 있는 벽 뒤에 바로 루브르박물관에서 가장
유명한 작품인 모나리자가 있다.

☑ 모나리자

우리는 미술관에 가게 되었을 때 여러
회화를 만나게 되는데 물감으로 그린 미
술작품을 카메라로 찍을 때에는 플래시
를 터트리면 안된다. 플래시의 빛으로
인해 그림이 상하기 때문이다. 그래서
유명한 미술관에서는 아예 사진을 찍지
못하게 하던지 아니면 플래시를 터트리
지 않고 제한적으로 사진촬영을 허락하
곤 한다.

그러나 대부분의 사람들이 모나리자
앞에서는 너나할 것 없이 모두 플래시를 사용하면서 사진을 찍곤 한
다. 관람객들에게 아무리 이야기해도 해결되지 않자 아예 모나리자 작
품 앞에 특수유리로 막아놓아서 플래시로부터 보호하고 있다.

모나리자는 우리말로하면 모나=부인, 즉 리자부인이다. 현지 제목
으로 하면 '라 조콘다'이다. 조콘다 부인이란 뜻이다. 이 그림은 미술에

대해 관심이 없는 사람이라도 한번쯤은 들어봤을 유명한 레오나르도 다 빈치가 그린 작품이다.

레오나르도 다 빈치는 사생아이기 때문에 성이 없다. 다 빈치는 레오나르도의 성이 아니라 빈치라는 마을에서 온 레오나르도라는 뜻이다.

모나리자(라 조콘다)는 조콘다 부인의 의미심장한 미소로 더 유명한데 이에 대해서는 여러 가지 설이 있다. 첫 번째로 조콘다 부인은 딸을 잃었다는 설… 그래서 조콘다 부인이 입은 검정 옷은 죽은 딸을 기리기 위해 입은 것이고 옅은 미소는 웃을 수 없는 상황이지만 초상화를 그릴 때 앞에서 기분을 풀어주려고 노력하는 화가와 조수를 보면서 어쩔 수 없이 웃고 있는 모습이라는 설이 있고 두 번째로 조콘다 부인은 문둥병(한센병)에 걸렸다는 설… 그래서 조콘다 부인의 눈썹은 문둥병으로 인해 다 빠진 것이고 부인의 손을 보면 유난히 부어있는데 그 이유도 병에 의한 것이라는 설이 있다.

그리고 모나리자 하면 떠오르는 유명한 눈썹이 있는데 눈썹 역시 레오나르도 다 빈치가 미처 다 그리지 못한 미완성의 흔적이 아니라 당시의 여인들의 미의 기준은 바로 이마의 넓이였다. 고로 이마가 넓은 여인이 미인이라고 생각했었고 그렇기 때문에 많은 여인들이 눈썹을 미는 것이 당시의 유행이었다. 따라서 조콘다 부인 역시 당시의 패션유행을 따른 것이라고 생각하면 될 것 같다.

모나리자는 기존의 화법과는 다르게 선으로서 구별하는 것이 아니라 자연스러운 명암으로서 구별하는 기법을 사용했다. 당시의 르네상스의 화가들은 사물의 실재감을 더욱 더 생동감 있게 표현하기 위해서는 윤곽선을 분명히 해서 구분 지어야 한다고 생각했고 실제로 그렇게 표현했었다. 그러나 그러한 기법은 오히려 생동감을 떨어뜨리고 생명감을 훼손시키는 역효과가 일어나곤 했다. 실제로 레오나르도 다 빈치 이전의 화가들의 그린 인물은 어딘가 모르게 어색한 기운이 느껴지곤 한다. 레오나르도 다 빈치는 경계를 선으로 구분하는 것이 아니라 면으로서 선을 그린 후 손으로 문지르면서 지우고 면으로 자연스럽게 물체를 구분 짓는 방법을 사용했는데 이러한 기법을 '스푸마토'기법이라고 한다. 이 스푸마토 기법으로 인해 모나리자는 마치 살아있는 인물과 같은 표정으로 보다 생동감 있는 모습을 표현해낼 수 있게 되었다

그리고 모나리자의 뒤쪽 배경을 살펴보면 왼쪽과 오른쪽의 눈높이가 서로 다른 것을 발견할 수 있는데 모나리자를 바라보고 왼쪽 배경의 눈높이는 위에서 내려다보고 있는 모습이고 반대편인 오른쪽 배경의 눈높이는 앞에서 정면으로 바라보고 있는 모습이다. 완벽주의자였던 레오나르도 다 빈치가 실수로 그렸을 리는 없을 것이고 과연 그 이유는 무엇일까? 그 이유는 바로 다음과 같다. 보통 사람들은 어떠한 사물을 볼 때 자신이 감지하지 못할 정도로 빠르게 왼쪽에서 오른쪽으로 이동하면서 바라본다. 이 내용은 필자가 대학원에 다녔을 때 서양미술사를 수강하면서 교수님께 사사받은 내용으로 실제로 학생들에게 종이에 두 사선을 그려 넣고 실험해보면 간단하게 알 수 있다. 그러니까 왼쪽 아래에서 오른쪽 위로 올라가는 방향의 눈높이를 배경으로 하고 있어서 모나리자를 자세히 살펴보면 가만히 앉아있지만 마치 일어설 것만 같은 느낌을 받게 되어 그림 속 인물이지만 마치 살아있는 분위기를 받게 된다.

모나리자가 걸려있는 전시실 끝에 모나리자와 마주보고 있는 그림이 있는데 이 그림이 바로 루브르에서 가장 큰 그림인 가나의 혼인잔치라는 그림이다.

☑ 가나의 혼인잔치

이 작품은 파울로 베로네세가 1563년 그린 작품으로 가로가 10미터 세로가 7미터에 달하는 현재 루브르에서 가장 큰 그림이다. 산 조르조 마조레 성당의 수도원 식당에 장식할 작품을 의뢰받은 후 식사하는 파티의 장면을 그린 것이다. 당시 수도원 식당들은 예수가 참석한 만찬을 주로 그리는 것이 유행이었다. 가나의 혼인잔치는 결혼식에 참석한 예수가 물을 포도주로 만드는 기적을 행한 것으로도 유명하다. 하지만 베로네세는 단순한 혼인잔치만을 강조하거나 예수의 기적만을 표현하지도 않았다. 베로네세는 이 안에 당대의 거장들의 모습들을 그려 넣었다. 즉 전체적인 모습은 예전 유대인들의 잔치모습이지만 그 안 곳곳에는 유대인이 아닌 베네치아의 유명한 거장들의 얼굴을 그려 넣으면서 작가의 독창적인 작업이 이루어졌다. 르네상스 이전의 화가들은 회화 자체가 어떠한 아름다움이나 예술을 표현하는 것이 아니

라 무지한 백성들을 깨우쳐주는 계몽의 역할에 국한되었기 때문에 독창성이나 기교는 상실된 채 요청받은 주문에 맞게 그려주는 것이 대부분이었다. 하지만 시간이 흘러 르네상스로 접어들면서 화가들은 자신만의 독창적인 기법을 사용하여 예술적인 감각을 극대화시켰고 당대 최고의 권력자들과 후원관계를 맺으면서 자연스럽게 사회 각계각층의 권력자들과 동등한 위치에 설 수 있게 되었다.

작품을 살펴보면 왼쪽부터 가운데를 지나 오른쪽까지 길게 잔칫상이 차려져있고 혼인잔치에 초대받은 사람들이 그 자리를 빛내고 있다. 가장 왼쪽에 앉아있는 남녀 한 쌍이 바로 이 혼인잔치의 주인공인 신랑과 신부이고 가운데에는 예수와 성모가 자리를 빛내주고 있다.

예수의 머리 위에는 몇 명의 사내들이 고기를 자르고 있는데 바로 나중에 찾아오게 될 예수의 고난을 암시하고 있는 것이다. 오른쪽에는 한 하인이 술독을 들고 와서 금으로 된 술병에 붓고 있고 그 옆에 한 사내가 술잔을 바라보면서 술의 맛을 음미하고 있는 것은 가나의 혼인잔치에서 예수가 행했던 기적인 물이 포도주로 변하는 모습을 표현한 것이다.

작품 가운데 예수 그리스도의 앞에서 연주하고 있는 네 명의 인물들을 살펴보자. 이들은 단순한 연주자들로 보이지만 이들의 얼굴은 당대 최고의 화가들의 모습을 그려 넣었다. 가장 오른쪽에서 비올로네를 연주하고 있는 인물은 티치아노, 그 옆에서 바이올린을 연주하고 있는 인물은 틴토레토, 가운데에서 코넷을 불고 있는 인물은 자코포 바사노, 가장 왼쪽에서 비올라를 연주하는 인물은 바로 베로네세 자신이다. 당대의 거장들과 자리를 함께 하면서 베로네세 자신 역시 베네치아의 최고 화가의 반열에 올랐음을 과시하고 있는 것이다.

이곳의 배경은 이탈리아 물의 도시 베네치아를 배경으로 하고 있는데 당시에는 이렇게 큰 작품은 벽에 직접 그림을 그리는데 이 작품은 벽이 아니라 캔버스에 작업을 했다. 이유는 바다와 함께 있는 베네치아는 습기가 많아서 벽에 직접 그릴 경우 훼손의 위험이 있기 때문이다. 베로네세는 캔버스를 벽에 고정시킨 후 몇 달 동안 수도원에서 생활하면서 이 그림은 완성하게 된다. 하지만 이 작품은 나폴레옹이 베네치아를 점령하면서 그들의 의해 반으로 절단되어 프랑스로 옮겨진 후 현지에서 다시 봉합되어서 우리가 지금 루브르에서 보고 있는 것이다. 베로네세의 혼이 담긴 이 작품이 약탈자들에 의해 떼어지고 반으로 절단되는 장면을 목격했을 베네치아 수도사들의 통한의 눈물이 느껴지는 작품이기도 하다. 이제 가나의 혼인잔치 작품 감상을 마치고 밖으로 나가면 긴 회랑이 있는데 루브르에서 가장 유명한 회랑이다. 나가자마자 오른쪽에 보이는 라파엘로의 성 모자상을 시작으로 한 바퀴 둘러보길 추천한다. 중간마다 교과서나 책에서 많이 봤던 작품들이 많이 있을 것이다. 한 바퀴 둘러보고 나가다보면 오른쪽에 어떤 근육질의 사내가 고통스런 모습으로 묶여서 여러 개의 화살을 맞고 있는 모습을 볼 수 있는데 그 작품이 성 세바스티아누스의 순교라는 작품이다.

☑ 성 세바스티아누스의 순교

미술관에서 한 남자가 기둥이나 나무에 묶여 여러 개의 화살을 맞고 있는 그림이 있다면 대부분 성 세바스티아누스의 순교를 그린 작품이다. 이 작품은 안드레아 만테냐가 그린 작품으로 역사적인 사실을 배경으로 하고 있다. 작품에서 화살을 맞고 서 있는 세바스티아누스는 서기 300년경 로마의 황제였던 디오클레티아누스의 근위대장이었다. 로마는 황제가 곧 신이었기 때문에 황제보다 더 높은 신이 존재한다고 믿는 기독교도들을 탄압했는데 당시 황제는 자신을 보필하던 근위대장이 기독교도라는 사실을 알고 크게 분노하여 세바스티아누스를 들판 한 가운에 기둥에 묶어놓고 수십 개의 화살을 쏘는 형벌을 가했다. 화살을 맞고 쓰러진 세바스티아누스는 죽을 위기였으나 '이레네' 라는 여인의 간호로 다시 목숨을 건지게 된다. 그러나 기력을 되찾자 다시 황제를 찾아가 기독교의 말씀을 전파하다 황제의 명으로 곤봉에 맞아 순교하게 된다.

그런데 이 작품이 유독 르네상스시대 때 많이 그려지게 되는데 그 이유는 무엇일까? 당시 유럽은 유럽의 인구를 절반 이상으로 줄여버린 어마어마한 질병인 페스트의 공포에 시달리고 있었는데 그들은 죽음을 관장하는 신이 죽음의 화살을 쏘는데 그 화살을 맞으면 페스트에 걸려서 곧 죽게 된다고 생각했다. 그런데 수십 개의 화살을 맞고도 살아난 성 세바스티아누스는 죽음의 화살로부터 자신을 보호해 줄 것이라 믿어 수호성인의 개념으로 많이 그려지게 되었다. 그리고 또 하나의 이유는 예전 중세에서는 사람의 인체를 노골적으로 표현하는 자체가 금지되었는데 중세시기가 지나고 르네상스가 들어왔을 때 화가들은 인체를 표현하는 것에 대해 많은 관심을 나타냈다. 예전 그리스와 로마 문화로의 부활, 재생을 꿈꾸던 당시 예술가들은 예전 그리스, 로마의 사실적인 인체의 조각처럼 인체를 표현할 때 보다 사실적으로 그리고 해부학적으로 접근하기를 원했다. 딱 벌어진 어깨… 누가 봐도 몸짱의 사내 성 세바스티아누스는 인간 본연의 모습을 그리면서 이상적인 아름다움을 표현하고 싶어했던 당시 화가들에게 좋은 명분이 되었던 것이다.

작품을 살펴보면 성 세바스티아누스를 그린 다른 작품과는 다르게 세바스티아누스를 묶은 기둥이 들판의 말뚝이나 나무가 아닌 코린트 양식의 그리스풍 기둥이라는 것을 알 수 있다. 당시 그리스, 로마 문화로의 부활을 생각했던 화가의 사상이 엿보이는 대목이다. 또한 작품 오른편 아래쪽에 두 명의 남자가 가슴위로 그려져 배치되어 있는데 이로 인해 작품을 바라보는 관람객 역시 그 두 명의 남자와 함께 그 장소에 같이 있는 것만 같은 느낌을 받게 된다.

르네상스기의 수많은 화가 중에서도 몇 손가락 안에 꼽힐 정도로 천재의 반열에 오른 만테냐의 천재성과 기지를 볼 수 있는 장면이다.

만약 지금 걸어가는 방향 오른쪽에 성 세바스티아누스의 순교가 걸려있다면 그 방향 그대로 조금만 걸어가면 지금의 전시실을 나가면서 또 다른 전시실과 연결되어 바로 들어갈 수 있다. 이곳에서 중세회화에서 벗어나 르네상스 회화를 알린 조토와 조토의 스승 치마부에의 작품을 만날 수 있다.

☑ 마에스타와 오상을 받은 아시시의 성 프란키스쿠스

중세 회화는 신을 위한 봉사였다. 글을 읽지 못한 무지한 백성들에게 글 대신 그림으로서 신의 메시지를 전달하는 것이 그들의 사명이었기 때문에 사물을 정교하게 그리는 것이 목적이 아니라 얼마만큼 신의 말씀을 거룩하고 웅장하게 표현하느냐가 그들의 목적이었던 것이다. 표정도 대부분 비슷한 표정을 취하고 있고 자연스러움과는 거리가 멀었다. 전시실에 들어오면 볼 수 있는 대표적인 그림 치마부에의 '마에스타'와 조토의 '오성을 받은 아시시의 성 프란키스쿠스'를 보면 쉽게 이해할 수 있다.

치마부에의 마에스타는 1280년경 그려진 작품으로 성모 마리아와 아기예수가 천사들에 둘러싸여 있는 모습이다. 마에스타라는 말은 본래 장엄함을 뜻하는 이탈리아어였으나 회화에서는 성모 마리아가 아기예수를 품에 안고 천사들은 바깥에서 그들을 호위하고 있는 구성을 이야기한다. 작품을 살펴보면 등장하는 인물의 표정은 너나할 것 없이 딱딱한 표정이고 심지어 성모 마리아의 품에 있는 아기예수마저 표정은 어른처럼 근엄하다. 또한 종교계의 권위를 상징하는 화려한 금빛 바탕역시 보는 사람으로 하여금 주눅이 들게 한다. 하지만 딱딱한 표정에 비해 그들이 걸치고 있는 옷자락의 섬세한 표현이 이제 회화가 서서히 자연스러움을 품으려 하고 있다는 것을 알 수 있다.

그에 비해 조토의 오상을 받은 아시시의 성 프란키스쿠스는 한결 자연스러움을 나타내고 있다. 1295년경 그려진 작품으로 예수가 십자

가에 못 박힐 때 생긴 다섯 군데의 상처인 오상을 직접 체험하고 있는 성인 프란키스쿠스를 그린 것이다. 스승인 치마부에에 비해 옷자락이나 표정이 한결 자연스러운 것을 느낄 수 있다. 하단에 있는 그림들은 예수의 말씀을 전파하기 위해 노력했던 성 프란키스쿠스의 일화를 그린 것으로 말씀전파에 몰두한 나머지 새들에게까지도 설교를 했다는 일화가 유명하다. 중세의 회화는 권위를 나타내기 위해 금박을 칠하고 인간의 감정을 나타내지 않았

던 것에 반해 조토 이후 르네상스의 회화는 배경의 색이나 인물의 표
정이나 옷 가락 등에서 보다 자연스러운 표현기법을 사용하여 인간의
감정을 그림에 적용하기 시작하였다.

밖으로 나가면 사모트라케섬의 니케상이 보일 것이다. 이제 쉴리관
으로 가서 밀로의 비너스를 감상해보자.

☑ 밀로의 비너스

밀로의 비너스상은 BC100년경쯤 제작된 조각으로 1820년에 그리스
에게 해 남동부의 키클라데스 제도의 밀로스 섬에서 농부가 밭을 갈
다가 우연히 발견한 것이 신문에 소개가 되고 당시 콘스탄티노플 프랑
스 대사였던 리비에르 후작이 구입하여 당시 프랑스 왕이었던 루이 18
세에게 선물했다. 1822년 루이 18세가 루브르궁에 기증해서 현재까지
이르고 있다. 처음 발견되었을 때부터 두 팔이 없는 모습으로 발견됐
었는데 왼쪽 어깨를 보면 작은 구멍이 있다. 보통 대리석으로 조각할
때 하나의 돌만 사용해서 조각하는 방법과 여러 개의 조각을 연결하
면서 완성시키는 방법이 있는데 비너스의 경우에는 구멍이 있는 것으
로 보아 몸통과 팔을 따로 만들어서 연결시켰던 것 같다. 또한 동상의
엉덩이 바로 위쪽 옷 주름을 살펴보면 두 개의 대리석이 붙여진 흔적
을 찾을 수 있어 팔과 함께 여러 개의 대리석을 붙여서 조각했다는 것
을 알 수 있다.

예전에는 떨어져 나간 두 팔을 복원해보려고 노력했으나 정확한
검증 없이 복원하는 것보다 두 팔이 없는 불완전한 모습이 더 나을 수
있다는 판단에 복원하지 않고 그대로 두었다. 그런데 두 팔이 보이지

않기 때문에 더욱더 비너스의 몸매에 시선이 집중하게 되고 두 팔이 없는 것이 오히려 8등신 몸매의 대명사로 알려진 비너스의 몸매의 황금비율과 수학적인 질서를 더 극대화시키고 있다.

그렇다면 원래 두 팔은 어떤 모습을 하고 있었을까? 정확하지는 않지만 추측해 낼 수는 있다. 비너스상을 살펴보면 흘러내리는 천을 더 이상 흘러내리지 않게 하기 위해서 왼쪽 다리를 살짝 구부리고 있는데 아마도 오른손은 이 흘러내리는 천을 붙잡으려고 하지 않았을까 생각된다. 그럼 나머지 왼손은 무엇을 하고 있었을까? 비너스(=아프로디테)하면 떠오르는 과일? 바로 사과이다. 아마도 왼손은 파리스의 황금사과를 들고 있지 않았을까 조심스럽게 추측해볼 수 있다. 하지만 정확한 것은 아무것도 없다. 두 팔이 없는 상태 그대로를 감상하는 것도 아니면 두 팔이 어떻게 생겼을까 추측하는 것도 관람객들의 중요한 몫이기 때문에 각자 비너스의 모습을 상상하면서 감상하는 것도 즐거운 경험이 될 것이다.

가는 길
지하철 12호선 Solferino 역 또는 RER C선 Musee d'Orsay 역에서 하차하
여 'Musee d'Orsay' 방향으로 나오면 쉽게 찾을 수 있다. 지하철을 이용할
때에는 출구에서 나오자마자 왼쪽 골목으로 들어가서 약 100m정도 걸으면 되
고 RER선을 이용할 때는 내리면 바로 옆에 오르세 미술관 입구가 있다. 오르
세 미술관 역시 안으로 들어가면 간단하게 짐 검사를 한 후 티켓을 발권해
야 한다.

오르세 미술관은 원래 1804년 최고재판소로 이용되었던 오르세
궁이었다. 하지만 1871년 파리코뮌 때 화재로 인해 건물이 전소되자
1900년 파리 만국박람회를 기념해서 빅토르 라루가 기차역을 세웠다.
빅토르 라루는 센강을 사이에 두고 맞은편에 고귀한 루브르궁이 있는
데 일반적인 기차역을 건축하는 것은 루브르궁과 어울리지 않는다 생
각하여 고풍스럽고 아름다운 자태를 자랑하는 기차역을 건축하게 된
다. 하지만 입지조건과 시설의 열세로 인해 기차 이용객의 감소하게 되
면서 1939년 기차역이 폐쇄되었고 그 후 이곳은 호텔이나 영화 세트장
으로 사용되었다.

하지만 미테랑 대통령의 명으로 이탈리아 건축가였던 아울렌티에
의해 1986년 12월 1일 미술관으로 탈바꿈하게 되었다. 루브르 박물관
이 고대부터 1848년까지 작품을 전시하고 있고 퐁피두센터가 1914년
부터 현재까지의 작품을 전시하고 있다면 이곳은 그 사이인 1848년

~1914년의 미술작품들을 전시하고 있고 모네, 르느아르, 고흐, 세잔, 드가 등의 인상파 화가의 작품들과 19세기말의 살롱파와 사실주의학파 작품이 많이 전시되어 있다.

오르세 미술관은 루브르 박물관처럼 방대하지 않기 때문에 루브르보다는 감상하기 수월하다. 하지만 루브르 박물관과 비교했을 때 방대하지 않다는 것이지 결코 작은 미술관이 아니기 때문에 미리 가이드북을 통해 동선을 계획하고 다녀야 힘들지 않을 것이다.

보통 1층으로 내려가서 작품을 감상한 후 엘리베이터를 타고 3층으로 올라가서 인상주의 화가들의 작품들을 보고 2층으로 내려와 아카데미풍의 작품들을 보는 것이 일반적이지만 작품의 위치가 바뀌기도 하고 개인마다 감상하고 싶은 작품들이 다르기 때문에 인포메이션 센터에서 무료로 배포하는 가이드북을 들고 1층으로 내려가서 전시실 번호를 따라서 혹은 화가의 이름을 찾아다니면서 작품을 감상하는 것이 좋다.

오르세 미술관에서 볼 수 있는 주요 작품은 다음과 같다.

☑ 샘

1층으로 내려가서 가장 먼저 보이는 오른쪽 방으로 들어가면 유명한 앵그르의 '샘'이라는 작품을 만나게 된다. 신고전주의의 거장이었던 앵그르가 1820년에 그려 1856년에 개작된 작품이다. 앵그르는 루브르박물관의 '그랑 오달리스크'를 통해서도 알 수 있듯이 사실적인 묘사를 중시했지만 해부학적인 인체비율의 정확성 보다는 자신이 추구했던 아름다움을 위해서는 인체의 변형도 필요하다고 생각했던 화가였다. 이 작품에서도 아름다운 여체의 모습을 극대화시키기 위해 샘의 정령이 오른팔을 머리 뒤쪽으로 돌려 물 항아리를 드는 부자연스러운 모습을 표현했다. 하지만 이런 부자연스러운 모습 속에서도 앵그르는 절묘한 구도를 이용해 안정감 있게 그려내고 있는데 머리부터 발끝까지 모두 다 약간 비틀어진 구도

로 잡아서 오히려 전체적인 안정감을 주었다. 곧게 뻗은 왼쪽다리를 시작으로 약간 틀어진 허리와 상체 그리고 왼쪽 다리와 대조를 이룬 상반신은 오른쪽 팔과 이어지면서 자연스러움을 나타내고 있다. 앵그르는 샘의 정령을 그리면서 신화적 세계를 보여주려 했었고 아름다운 여신을 상징하는 아프로디테를 모티브로 삼았음을 나타내고자 발밑에 아프로디테의 상징인 거품을 그려 넣었다. 앵그르 나이 76세 때 완성한 이 작품은 40세

때 시작해서 무려 36년이나 걸리기 때문에 앵그르는 밑그림만 그리고 채색은 앵그르의 두 제자인 폴 발즈와 알렉상드로 데코프가 작업했을 것이라는 추측도 나오고 있다. 앵그르는 샘을 통해 이상과 실제의 조화를 추구하였고 인간과 신의 영역을 초과하는 시공간적인 세계를 통해 진정한 아름다움을 나타내고 싶지 않았을까 생각해본다.

☑ 우골리노

　오르세 미술관 1층 중앙통로 가운데에 있는 조각으로 실제 사건을 바탕으로 만들어진 작품이다. 우리가 잘 알고 있는 조각가 중 하나인 로댕이 가장 존경했던 조각가로 알려진 카르포의 작품으로서 1860년 세상에 선보이게 된다.

　교황파 귀족 우골리노는 13세기 교황과 황제의 대립에서 권력의 희생양이 되는데 그 이야기는 다음과 같다. 13세기 초 이탈리아는 황제파와 교황파로 나뉘어서 서로가 치열하게 전쟁을 하고 있었다. 당시 피사의 영주였던 우골리노는 당시 교황파를 지원했는데 자신의 손자와의 갈등으로 인해 황제파의 대주교와 결탁해서 손자를 몰아내게 된다. 결국 교황파의 큰 세력이자 손자의 몰락은 교황파 세력의 급격한 약화를 초래하게 되었다. 게다가 황제파 대주교는 한때 자신과 함께 했던 교황파 우골리노를 배신하고 우골리노에게 반역죄를 씌워서 기아의 탑 속에 우골리노와 그의 아들과 손자들을 감금시킨다. 또한 이듬해 피사를 평정하였던 몬타펠트가 우골리노의 복귀를 두려워한 나머지 탑에 갇힌 우골리노와 그의 아들과 손자들에게 지급하였던 음식물을 모두 중단시켰고 며칠 동안 아무런 음식물도 섭취하지 못한 우골리노와 그의 아들과 손자들은 서서히 죽어가기 시작했다. 결국 우골리노는 죽은 자신의 아들과 손자들의 인육을 먹으면서까지 버텼으나 결국 자신 역시 나중에는 굶어 죽게 되고 그 벌로 인해 지옥에 빠지게 된다는 단테의 신곡을 배경으로 제작된 작품이다. 너무나도 끔찍하고 비참한 최후를 소재로 제작되었는데 조각을 살펴보면 당시 우골리노와 그의 아들들의 절망스럽고 끔찍했던 상황이 얼굴표정과 몸의 움직임을 통해 상세하게 묘사가 되어 있어 "고뇌에도 지지 않던 내가 배고픔에는 지고 말았다"는 우골리노의 탄식이 절로 묻어나고 있다.

우골리노 조각을 바라보고 오른쪽을 살펴보면 아주 큰 그림이 있는데 바로 토마 쿠튀르의 퇴폐하는 로마인들이라는 제목의 그림이다. 로마의 멸망이 전쟁 때문이 아니라 이미 퇴폐하고 타락한 로마의 귀족들로 인해 로마의 멸망이 초래되었다는 것을 암시하고 있는 내용의 작품이고 작품 오른쪽에 두 명의 사내가 정면을 응시하고 서 있는데 바로 그들이 로마를 멸망시킨 게르만족 사람들이다.

☑ 만종

루브르의 모나리자와 같이 오르세에서 아주 유명한 그림인 만종은 장 프랑수아 밀레의 작품이다. 19세기 중반 무렵에는 도시의 각박함을 벗어나고 자연을 찾는 화가들이 하나둘 씩 늘어나기 시작했다. 그들은 프랑스에서 가장 아름다운 산림지역 중 하나인 바르비종이라는 곳으로 이동해 자연의 아름다움을 화폭에 담아내기 시작했다. 그들을 바르비종파라고 불렀는데 밀레 역시 바르비종파로서 주로 농민들과 서민들의 삶에 대해 깊이 연구하고 탐구하면서 작품으로 옮겼다. 밀레의 작품을 보면 붓 터치가 매우 섬세하고 따뜻하다. 그래서인지 일반 서민들의 평범한 일상생활을 그리면서도 그 안에는 결코 평범하지 않은 깊이가 느껴지곤 한다.

밀레의 만종은 한때 미국미술협회에 팔렸던 적이 있는데 당시 프랑스 정부와 파리 시민들이 모금운동까지 하면서 반대했으나 결국 미국의 자본력 앞에 무릎을 꿇게 되었다. 하지만 만종을 팔았던 알프레드 쇼사르가 미국에 엄청난 비용을 지불하고 다시 사들인 후 루브르박물관에 기증하면서 만종은 다시 프랑스로 돌아오게 되었고 그 후 오르세 미술관으로 옮겨져서 현재에 이르고 있다.

작품을 살펴보면 해가 뉘엿뉘엿 질 무렵 하루일과를 끝낸 부부가 하루의 수확을 감사하면서 하늘에 기도를 올리고 있는 모습이다. 그 고요한 모습에서 평안함과 숭고함을 느낄 수 있다.

이제 부부의 발밑에 있는 감자바구니를 살펴보자. 얼핏 보기에는 감자바구니를 사이에 두고 감자의 수확을 감사하는 기도를 올리는 것 같지만 사실 밀레는 이곳에 아이의 시신을 넣은 관을 그려 넣었다. 즉 당시에 가난과 배고픔을 이기지 못하고 죽어간 아이의 명복을 빌기 위

해 부부가 손을 모아 애도를 올리고 기도를 하는 것이었다. 하지만 밀
레의 친구가 너무 잔인한 표현 같다고 하여 아이의 시신을 넣은 관 대
신 감자바구니로 변경을 하게 된 것이다. 이 이야기가 나왔을 때 사람
들의 의견은 분분했었는데 X-ray 정밀투사를 해본 결과 감자바구니
뒤편에 아이의 시신의 관이 나타나면서 위 이야기가 사실로 밝혀지게
되었다. 어찌 보면 약간은 으스스한 이야기이기도 하다.

오르세 미술관 가운데 부근(?)에는 아주 큰 그림이 걸려 있다. 약간은 어두운 조명 때문에 아주 밝은 모습으로 볼 수는 없지만 일단 큰 그림에서 풍기는 이미지가 사람을 압도한다.

아마도 오르세 측에서 작품을 변경하지 않는다면 우골리노 조각을 바라보고 왼쪽으로 들어가면 바로 만날 수 있게 되는데 이 작품이 바로 사실주의 화가의 대명사인 귀스타브 쿠르베의 '화가의 아틀리에'라는 작품이다.

당시 화가들은 입신양명하기 위해서는 살롱전이나 박람회에 자신의 작품을 출품해 이름을 알려야 하는데 이 작품은 당시 파리 만국박람회전에서 낙선하게 된다. 이유는 그림이 너무 크다는 것이었다. 화가 난 쿠르베는 박람회장 부근에 '사실주의 화가 쿠르베의 자작 유화전, 입장료 1프랑'이라고 써 붙이고 자신만의 개인전을 열게 된다. 스스로 사실주의 화가라고 발표한 쿠르베는 19세기 사실주의의 대가로 불리게 된다. 아무튼 사실주의 화가 쿠르베의 개인전은 '과연 어떤 사람이

길래 만국박람회장 앞에 개인전을 낸단 말인가.'라는 호기심에 처음에는 제법 많은 관람객들이 들어왔으나 나중에는 점점 관람객들의 발길이 끊어졌고 급기야 쿠르베가 입장료를 반값으로 내리기까지 하였으나 결국 쿠르베의 개인전은 많은 사람들의 비난을 받으면서 실패하게 되었고 반값으로 할인했다는 소식에 가볍게 전시장에 찾아온 들라크루아만이 쿠르베의 '화가의 아틀리에'라는 작품을 보고 아주 이색적인 작품이라며 극찬하였다.

작품을 살펴보면 작품 중간에 쿠르베 본인이 작업을 하고 있고 그 옆에 누드모델이 쿠르베의 작품을 바라보고 있다. 작품을 바라보고 왼쪽 부분을 살펴보면 주저앉아 아이에게 젖을 먹이고 있는 여인이 있는데 바로 사회의 비참함을 나타내는 것이고 그 뒤 해골을 얹은 신문은 권력의 노예가 된 언론을 상징하고 있다. 신문 주변으로 옷감을 파는 상인은 상업을 나타내고 상인을 상대하는 중상모를 쓴 사람은 부르주아를 의미하고 있다. 그리고 그들 주변에 인부, 창녀, 광대, 농민, 실업자들을 그려 넣었고 왼쪽에 개를 데리고 있는 사람은 나중에 덧칠한 것인데 당시 프랑스 황제였던 나폴레옹 3세를 표현하는 것으로 추측하고 있다. 그리고 왼쪽 끝에 있는 유대교 박사와 가톨릭 신부는 종교를 의미하고 있으며 왼쪽 바닥에 떨어진 모자와 기타, 그리고 칼은 쇠퇴해버린 예술을 나타내고 있다.

이제 작품의 오른쪽 부분을 살펴보면 여러 사람들이 나오는데 모델 뒤에서 의자에 앉아 쿠르베의 작품을 바라보고 있는 사람은 비평가 샹플뢰리이다. 책상위에 앉아서 책을 보는 사람은 쿠르베의 친구 보들레르이고 그 옆에 보들레르의 연인인 쟌 뒤발의 모습을 그렸으나 훗날 보들레르가 지워달라고 요청해 지우게 되었다. 그 안쪽으로 프루동과 시인 뷔송, 그리고 쿠르베의 후원자 브이아스의 모습을 그려 넣었다.

이렇게 좌·우를 구분 지으면서 왼쪽에는 쿠르베의 사회적인 관심과 죽음을 먹고 사는 사람들을 나타내었고 오른쪽에는 쿠르베의 개인적인 관심과 생명을 먹고 사는 사람들을 표현하였다.

☑ 오르낭의 장례식

화가의 아틀리에 오른편에 또 다른 큰 그림이 있는데 이 그림 역시 쿠르베가 그린 '오르낭의 장례식'이라는 작품이다. 제목만 놓고 보면 오르낭이라는 사람의 장례식이라고 생각하기 쉽지만 오르낭은 사람 이름이 아니라 조그마한 시골마을 이름이다. 고로 오르낭이라는 마을에서 열린 이름 모를 사람의 장례식을 쿠르베는 작품으로 옮긴 것이다. 작품이 발표된 후 많은 사람들이 이름도 모르는 사람의 장례식을 그린다는 것은 미친 짓이고 물감과 캔버스가 아깝다고 비난했으나 쿠르베는 "너희들이 천사를 본 적이 있느냐? 나는 내가 보지 못한 천사나 영웅을 미화해서 그리는 것보다 이런 시골마을의 장례식을 옮기는 것이 더 가치 있는 일이라고 생각한다."고 이야기하였다. 작품을 살펴보면 왼쪽에 네 사람이 죽은 자의 관을 들고 오고 있고 그 옆에는 신부가 장례를 주관하고 있다. 그리고 무덤 주위에는 파란 양말을 신은 오르낭 마을의 시장과 눈물을 흘리며 슬퍼하고 있는 유족들을 볼 수 있다.

그런데 눈물을 흘리며 슬퍼하는 유족들 외 다른 사람들은 장례식에 참석을 했으나 관심이 없는 듯한 모습을 보이고 있으며 심지어는 정면 중앙에 있는 개마저도 관심이 없다는 듯 다른 곳을 쳐다보고 있다. 죽은 사람은 정말 가까운 사람 외에는 장례식에 참석했을지라도 살아 있는 사람들에게 큰 관심을 끌지 못한다는 실제적인 현상을 표현하고 있는 것이다. 특히, 작품 속에서 특별한 감정의 동요 없이 메마른 표정으로 장례식에 참여한 사람들을 당시 고위층을 풍자하면서 그렸는데 이것은 평소 부유층, 고위층에 대한 쿠르베의 불만을 표출한 것으로 해석할 수 있다.

☑ 풀밭위의 점심식사

이 작품은 인상주의의 대가 마네의 작품으로 1863년 발표되었다. 사실 우리는 인상주의 하면 가장 먼저 마네를 떠올리고 어떤 사람은 마네를 두고 인상주의의 아버지라고 부르기도 하지만 정작 마네는 스스로를 인상주의자라고 생각하지도 않았고 그렇게 불리는 것도 거부했다니 참 아이러니한 상황이다. 마네의 작품인 '풀밭위의 점심식사'는 살롱전에 출품하였다가 낙선하게 되었는데 풀밭위에서 누드로 있는 여인의 모습이 예술이라기보다는 외설에 가까웠다는 평가에 의해서였다. 1863년 당시 살롱전에는 엄청나게 많은 작품들이 출품하게 되었는데 엄격한 심사로 인해 출품된 작품들의 약 4분의 3이 낙선하게 되었다. 너무나도 많은 작품들이 낙선하자 여기저기에서 과연 심사가 공정하였느냐 라는 심사에 반발하는 움직임이 일어나게 되었고 각종 보수적인 신문에서 살롱전에서 낙선한 그림은 사회에 아주 큰 해악을 끼치는 그림이라고 매도하는 기사를 연일 쏟아내자 낙선한 화가들의 불만은 더욱 더 극에 달하게 되었다. 게다가 낙선을 한 이유가 실력의 부족이 아니라 정치적인 이유 때문이라고 믿었던 화가들은 더욱더 심사기준의 공정성에 대해 반발하게 되었고 결국 나폴레옹 3세는 이런 작품들을 따로 모아서 '낙선전'을 개최하게 되었다. 이곳에 마네의 작품인 풀밭위의 점심식사가 전시가 되었는데 이곳 낙선전 에서조차 엄청난 비난과 혹평을 받은 작품이었다.

이유는 다음과 같았다. 작품을 살펴보면 가운데 두 명의 남자와 한 명의 벌거벗은 여자가 풀밭위에 앉아있고 그 뒤로 목욕을 하려고 하는지 소변을 보려고 하는지 정확하지는 않지만 속옷차림의 여자가 엉거주춤한 자세를 취하고 있다. 이야기를 나누고 있는 그들 앞에 뒤집어진 점심바구니가 있지만 그들은 전혀 점심바구니에는 신경 쓰지 않고 있는 모습이다.

그런데 그 전에도 여인이 옷을 벗고 있는 누드화는 많았었다. 그런데 왜 유독 마네의 이 작품에만 혹평이 떨어졌을까? 그 전 누드화는 관람객들은 옷을 벗고 있는 작품 속 여인을 바라보지만 작품 속의 여인은 다른 곳을 응시하면서 수줍은듯한 모습을 보여주고 있고 몸매역시 누구나 꿈꾸는 최고의 몸짱의 몸매비율을 보여주고 있다.

그러나 이 작품 속 벌거벗은 여인은 마치 관람객들에게 '내 몸을 보고싶니?' 라고 당당하게 물어보는 듯한 모습으로 관람객들을 정면으로 바라보고 있고 몸매 역시 기존의 누드화와는 다른 정말 너무나도 사실적인 여체를 그려냈다. 사실 당시 지도층을 포함한 부르주아 계층들은 원근법이나 중간 색조가 거의 없이 밝은 부분에서 갑자기 어두운 부분으로 넘어가버리는 명암효과나 양감이나 음영 같은 사실적인 회화의 기교가 전혀 없는 거친 화폭을 지적하면서 비난했지만 사실은 마치 자신의 속마음을 들킨 듯한… 남자라면 누구나 한번쯤은 상상해봤을법한 내용이 눈앞에 딱 나타났고 누드의 여인은 마치 그 속마음을 안다는 듯한 묘한 표현과 눈빛… 그런 것들이 더욱 더 부르주아 남성시민들을 격분시키게 된 것이다.

사실 마네는 이러한 부르주아의 이중성… 겉으로는 점잖은 척 하면서 뒤로는 온갖 음흉한 생각을 다 하고 있는 그들을 풍자하기 위해 작품을 만든 것이다. 그래서 작품 안에서도 오른쪽에 파리 대학의 상징인 모자를 쓰고 있는 상류 지식인으로 보이는 사람이 누드의 여인에게 무언가 열심히 아는척을 하면서 설명하고 있는 모습이 보인다.

등장인물들의 자세는 라이몬디의 작품인 '파리스의 심판' 또는 티치아노의 '전원의 합주'에서 참고한 것이고 작품 속 두 명의 남성 중 한사람은 마네의 동생 외젠이며, 누드의 여인은 마네가 아끼던 모델인 빅토린 뫼랑이라는 여인이다.

참고로 빅토린 뫼랑은 마네의 또 하나의 유명한 작품이면서 어마어마한 혹평을 받은 작품인 '올랭피아'의 모델이기도 하다. 올랭피아는 당시 유흥가 여인들이 주로 쓰는 애칭인데 마네는 그런 몸을 파는 여인을 대상으로 그림을 그린 것이다. 그것도 아주 사실적으로… 그러니 유흥가를 드나든 것을 숨기고 싶은 남자들이나 자기 남자만큼은 저런 곳을 모를 것이라고 믿는 여자들이나 많은 사람들의 비난은 당연한 것이었다. 예전 풀밭위의 점심식사 때보다 더욱 더 격렬한 항의를 하였고 주먹을 휘두르며 작품을 찢어버리려고까지 했기 때문에 주최 측은 이 작품 앞에 세 명의 호위를 두기도 했고 가장 높은 곳으로 옮겨서 전시하는 일까지 생기게 되었다.

그 후 마네는 40대에 얻은 매독과 류머티즘으로 인해 죽음을 맞이하게 되는데 이 질병들로 마네는 마비와 운동실조증으로 고생했다. 나중에는 왼발이 썩어 들어가 절단하는 지경에 이르기까지 하였고 결국 마네는 51세의 나이로 1883년 파리에서 생을 마감했다.

☑ 물랑 드 라 깔레트

퇴폐하는 로마인들 작품 뒤쪽에 있는 작품들은 주로 인상주의 화가들의 작품이 많다.

물랑 드 라 깔레트는 대표적인 인상주의 화가였던 르누아르의 작품으로서 1877년 인상주의 전시회에 전시된 작품이다. 이 작품은 1870년 어느 일요일 오후의 모습을 표현해 낸 것으로 당시 파리 시민들이 즐겨 찾던 몽마르뜨의 한 무도회장인 물랑 드 라 깔레트라는 곳이다.

다른 인상주의 화가였던 모네나 시슬레, 피사로가 풍경묘사를 즐겼다면 르누아르는 소박한 서민들을 중심으로 하는 인물묘사에 더 큰 관심을 가지고 있었다.

이 작품에 등장하는 인물들은 르누아르의 친구들로서 르누아르의 부탁에 기꺼이 모델이 되어 주었다. 아주 왁자지껄한 분위기가 보는 이로 하여금 절로 흥겹게 만들어주고 있는데 나무들 사이로 쏟아지는 햇빛은 인물들의 얼굴과 옷을 비추고 햇빛이 비추는 방향에 따라 밝게 혹은 어둡게 표현이 되고 있다. 빛이 비추는 각도와 방향에 따라 우리가 보는 색의 느낌을 달라진다는 연구는 인상주의 회화에서 가장 중요하게 생각하는 기법이었고 같은 색이라 할지라도 빛의 방향에 따라 다르게 보인다는 것은 인상주의에 있어서 가장 기본적인 관점이었다.

그래서 간혹 인상주의 회화에 대해 전혀 모르는 사람들이 인상주의 작품을 봤을 때 물체들 사이로 통과된 빛에 의해 생긴 얼룩덜룩한 음영을 푸른색이나 흰빛으로 처리하는 기법을 보고 '그림이 이상하다. 색칠을 왜 이렇게 했을까? 피부색이 마치 썩어가는 시체의 모습 같다'라고 하는 경우도 있는데 그건 인상주의에 대해 정확히 모르고 있기 때문에 저지르게 되는 실수이다. 인상파 화가들에 있어서 사물이란 고정불변의 형태와 색채를 지닌 것이 아니라 외부적인 조건과 주관적인 상황에 따라 늘 변화할 수 있는 존재라고 생각했다. 가령 같은 장소나 풍경이라 하더라도 바라보는 사람의 당시 컨디션이나 혹은 감수성의 차이라던지 혹은 당시 날씨의 영향으로 인해 항상 똑같이 보이지는 않는다는 것이다. 그렇기 때문에 인상파 화가들은 그 상황에 맞는 날씨와 빛 그리고 자신의 감정을 그대로 캔버스에 표현한 것이다.

또한 인상파 화가들은 예전의 화가들과 다르게 사실주의 화가들과 앞서 생각한 것과 같이 신화나 상상적인 내용들을 거부하고 자신이 직접 눈으로 본 현실의 대상만 작품으로 그렸다. 그리고 색채를 중요시하여 혼색을 거부하고 색채분할법에 의해 원색을 화면에 찍어가면서 현실의 빛과 색을 그대로 표현하려고 하였다. 따라서 색채원근법대신 색채분할법을 대체적으로 사용하였다. 그리고 종래의 화가들은 그늘이나 그림자부분을 나타낼 때도 보통 검은색 물감을 사용하는데 인상파 화가들은 그림자 역시 주변 색에 의한 반사광이 있다고 생각했기 때문에 푸른색이나 보라색 계통의 유채색을 사용했다.

즉, 인상주의에 있어서 미술은 어떠한 내용을 묘사해내는 것이 중요한 것이 아니라 그 자체의 순수한 조형적 가치를 빛과 색채를 통해 그림 속에서 표현해내는 것이 더 중요하다는 사고의 전환을 보여주고 있다.

☑ 고흐의 자화상

이 작품은 미술에 대해 관심이 없는 사람이라도 한 번쯤은 들어봤을 빈센트 반 고흐의 작품이다. 고흐는 1853년 네덜란드에서 태어나서 37세의 나이에 프랑스에서 생을 마감한 화가이다. 고흐가 화가로 활동한 시기는 삶을 마감하기 약 10년 전 부터였다. 고흐의 작품을 살펴보면 당시 고흐가 이야기하고자 했던 것들이나 고흐의 정신세계를 알 수 있다. 고흐의 작품들은 고흐의 성격답게 대부분 강렬한 표현이 돋보이는데 고흐가 느꼈던 처절한 격정을 우리 역시 작품 속에서 느낄 수 있다. 제대로 된 미술교육을 받아보지 못한 고흐는 스스로 그림을 공부하게 되는데 그렇기 때문에 어떠한 규범에 얽매이지 않은 자신만의 자유로운 표현이 가능하게 되었다. 고흐는 그림을 통해 자신의 이야기를 보여주었고, 그림은 고흐가 세상과 소통할 수 있는 유일한 수단이었다. 지금 이 자화상은 고흐가 그렸던 약 40여점의 자화상 중 가장 마지막 자화상인데 계속된 간질과 신경발작으로 인해 몸과 정신이 망가져가는 상태에서 그려낸 작품이다. 이 그림을 살펴보면 모든 선이 직선이 아니라 곡선으로 이루어져 있는데 이런 것들 역시 당시 불안했던 고흐의 정신세계를 엿볼 수 있는 대목이다. 구부러진 곡선들과 거친 붓 터치 속에서 고흐의 표정은 사뭇 비장하기만 하다. 바로 계속되는 발작에서도 자신의 정신 속에서 자신을 괴롭히는 그 무언가를 이기겠다는 비장함의 표출인 것이다. 이 작품은 고흐의 담당의사였던 폴 가세 박사에게 보내졌다. 폴 가세 박사는 고흐가 유일하게 의지했던 사람으로서 고흐가 가세 박사에게 보내는 편지를 살펴보면 가세를 '새로운 형제', '아버지', '진정한 친구'로 표현한 것을 확인할 수 있다. 끊어질 듯한 자신의 삶과 정신을 계속 이어가고자 노력했던 의지의 표현으로 이 자화상을 그렸고 가세 박사에게 보냈지만 결국 고흐는 끝내 이겨내지 못하고 1년 후 1890년 자살로서 생을 마감하게 된다. 그 후 이 작품은 1949년 마르게르트 가세의 기증으로 오르세 미술관에 전시되게 된다.

☑ 오베르 쉬르 오와즈 교회(오베르 교회)

이 작품은 고흐가 말년에 이곳에 정착하면서 그린 작품인데 고흐는 형의 병을 걱정했던 동생 테오의 권유로 폴 가세 박사를 만나기 위해 이곳으로 오게 되었다. 1890년 5월 21일에 도착한 고흐는 세상을 떠난 7월 29일까지 이곳에 머무르면서 많은 작품을 남겼다.

이곳에서 고흐는 약 60~70여점의 유화와 스케치를 남겼는데 그 중 오베르 쉬르 오와즈 교회를 그린 것은 단 한 점에 불과하였다. 이 작품은 매우 강렬한 색채를 사용하였고 이로 인해 더 화려하게 나타내었는데 고흐가 여동생 빌에게 보낸 편지에서도 이렇게 이야기하였다. "색채는 표현적일수록 더 화려하지." 한 조그만 시골마을 교회가 마치 마법에 걸린 것처럼 많은 것을 표현하고 이야기하고 있는 것이다.

이 그림은 전체적으로 강렬하면서도 짙은 푸른빛으로 표현된 하늘은 마치 금방이라도 천둥을 칠 것 같은 불길한 느낌을 주고 있다.

마치 이 작품을 완성한 후 곧 죽음을 맞이하게 될 자신의 운명을 예감이라도 했듯이 말이다.

작품을 살펴보면 꿈틀거리는 선으로 되어 있는 교회(앞서 자화상에서도 이야기했지만 고흐의 작품은 대부분 이렇게 꿈틀거리는 선으로 그려져 있다.) 그리고 교회 앞에 있는 두 갈래로 난 길과 왼쪽 길을 걸어가고 있는 한 여인… 그런데 교회에는 들어갈 수 있는 문이 없다.

한 때 할아버지와 아버지의 뒤를 이어 목회자의 길을 꿈꾸었던 고흐… 하지만 전통 교리와 맞지 않아 계속 교회당국과 충돌하면서 전도사로 임명받지 못하고 벨기에 탄광에서 선교활동을 하는데 선교를 하면서 고된 노동을 받는 노동자의 편에 서서 고용주들에게 맞섰으나 기존 교회당국에서 교계의 권위를 떨어뜨렸다는 이유로 결국 선교활동마저 그만두게 되었다. 한 때는 목회자가 되어 살아가려고 하였으나 결국 교회당국과 융화되지 못해 철저하게 외로움 속에서 살아야 했던 고흐가 바라보는 교회란 바로 소통되지 않는 자신의 기득권을 놓지 않으려는 철저하게 닫혀있는 모습이었을 것이다. 교회 앞 두 갈래 길의 왼쪽 길은 마을로 향하는 길이고 오른쪽 길은 무덤으로 향하는 길이다. 바로 삶과 죽음을 가르는 인생의 갈림길인 것이다.

고흐는 이 작품을 완성한 뒤 '까마귀가 나는 밀밭'이라는 작품을 마지막으로 남기고 1890년 7월 27일 경제적인 고통을 이야기하는 동생 테오의 편지를 받고 절망감에 휩싸여 그만 자신의 가슴에 권총을 발사해 자살을 기도하게 된다. 하지만 바로 죽지 않고 이틀 동안 극심한 고통을 겪다가 결국 7월 29일 동생 테오가 지켜보는 가운데 37세의 삶을 마감하게 되었다. 고통 속에서 죽기 직전 고흐는 이런 말을 남겼다. "인생이 이렇게 슬픈 것인 줄 누가 믿겠는가?"

프랑스에서의 일정을 정리해보자.

프랑스에서 가장 인상 깊었던 것은?

★ **수도** : 로마(Roma)

★ **면적** : 301,278㎢

★ **위치** : 유럽 중남부에 위치(지중해를 향해 남동방향으로 뻗어 있다.)

★ **인구** : 약 5,884만명. 로마는 약 265만명

★ **인종** : 이탈리아인이 대다수, 프랑스계, 오스트리아계, 그리스계 등이 소수거주

★ **종교** : 가톨릭(90%), 기타(10%)

★ **언어** : 이탈리아어

★ **시차** : 한국이 8시간 빠름(서머타임인 4월에서 10월까지는 7시간차)

★ **기후** : 반도국으로 남과 북의 차이를 보임. 여름은 두 지역 모두 덥고 북부는 대륙
성 기후로 여름에는 강우량이 거의 없으나 겨울에는 많으며 남부는 덥고 건
조한 편이며 겨울에는 북부는 상당히 춥고, 남부는 온화.

★ **통화** : 유로(€)를 사용
지폐는 €5, €10, €20, €50, €100, €200, €500, €1000
동전은 종류별로 1c, 5c, 10c, 20c, 50c, €1, €2
20(　)년 (　)월 기준 1유로 = (　　　)원

★ **전기** : 우리나라와 같은 220V, 50Hz.
일부 낙후된 건물에서는 아직도 125V를 사용하는 곳이 있으니 확인요망.
우리나라 콘센트보다 작기 때문에 한국 가전제품은 유럽용 플러그를 이용
하여 사용.

★ **전화** : 대부분 카드전용 전화. 같은 지역도 반드시 지역번호를 누른 후 사용.
일반 전화카드에 비해 선불식 전화카드가 저렴.
한국으로 콜렉트콜 번호 800-172-222 누른 후 한국어 안내방송에 따라 진행

★ **물가** : 유럽에서 그리 비싼 편이 아니지만 여행자가 느끼는 물가는 비쌈.

로마제국의 문화와
예술이 살아 숨쉬는
이탈리아

내가 만드는 나만의 유럽여행 자료집

유럽여행을 하면서 얻게 된 팸플릿, 지하철과 열차 티켓, 지하철 노선도, 입장권, 영수증 등을 붙여 설명과
날짜 등을 이곳에 적어 놓으면 나만의 소중한 유럽여행자료집이 됩니다.

산타마리아 델 피오레 대성당

가는 길

피렌체 중앙역인 산타마리아 노벨라역(S.M.N.)에서 플랫폼을 등지고 왼쪽으로 나간
후 오른쪽으로 길을 건너면 자동차가 다니긴 하지만 그리 넓지 않은 도로가 나오는
데 양쪽에 상가와 환전소등이 많이 보인다. 그 길 따라 쭉~ 직진을 하면 자주색
벽돌로 된 아주 큰 돔이 보이는데 그 곳이 바로 산타마리아 델 피오레 성당이다.
피렌체 중앙역 왼쪽 출구로 나온 후 오른쪽 방향으로 걸어가면서 길을 건너 계속
직진하면 된다. 찾기 어렵지 않으니 금방 찾을 수 있고 짐이 있는 경우는 숙소에
짐을 맡긴 후 다녀도 되고 당일치기라면 유인 창구에 맡긴 후 다녀도 상관없다..
(이탈리아 기차역에서 짐을 맡길 경우에는 돈을 더 주더라도 꼭 유인 창구에 맡겨야 안전하다)

　　산타마리아 델 피오레 대성당… 피렌체에 위치한 성당으로서 르네상
스의 발상지였던 피렌체를 사람들은 꽃의 도시라고 부르고 영어로는
플로렌스(Florence)라고 표현한다. 이탈리아어로 꽃은 피오레(Fiore)라고
표기한다. 그래서 산타마리아 델 피오레 대성당을 우리말로 표현하면
꽃의 성모마리아 대성당이 된다. 또한 이곳에서는 '두오모'라고 불리기
도 하는데 두오모란 원래 천정에 있는 반구형의 돔(DOME, 이탈리아에서
는 '쿠폴라'라 불리운다.)을 뜻하는 말이었으나 점차 각 도시를 대표하는 대
성당의 뜻으로 바뀌게 되었다.(밀라노의 두오모 성당은 돔이 없다.) 원래 이곳
에는 산타 레파라타라는 성당이 있었으나 르네상스 시대 때 피렌체가
르네상스의 발상지답게 인구가 증가하게 되면서 새로운 성당이 필요
하게 되었고 1296년 아르놀포 디 캄피오에 의해 두오모 성당의 건축이

시작되게 되었다. 그 후 조토와 브루넬레스키를 거쳐 1436년에 현재의
모습을 이루게 되었다. 성당의 안으로 들어가면 베네딕토 마이아노의
십자가, 안드레아 델 카스타니요와 파울로 베첼로이가 그린 2개의 대
규모 기마 천상화를 볼 수 있고 돔 안쪽에는 미켈란젤로의 제자인 바
사리가 그린 최후의 심판이라는 작품이 유명하다. 입구의 오른쪽 부
분에 있는 아래로 내려가는 계단으로 내려가면 기념품 샵과 예전 산
타 레파라타 성당의 잔해와 브루넬레스키의 무덤을 볼 수 있다.

성당을 이루기 위해서는 3가지 조건이 있다. 바로 예배당과 세례당
그리고 종탑이다. 그렇다면 산타마리아 델 피오레 대성당 역시 성당이
기 때문에 이 조건을 충족하고 있을 텐데 먼저 가장 큰 예배당은 확인

이 되었고 그렇다면 세례당과 종탑은 어디에 있을까? 먼저 종탑을 찾아보면 성당으로 들어가는 입구와 출구 사이 모서리에 아주 높이 솟아있는 건물을 볼 수 있다. 바로 이 건물이 산타마리아 델 피오레 대성당의 종탑이다. 일명 '조토의 종탑'이라고 불리고 있다.

높이가 85m에 이르는 이 종탑은 1334년 서양회화의 아버지라 불리는 조토가 처음 시작하여 안드레아 피사노와 프란체스코 탈렌티에 거쳐 1359년에 완성되었다. 그 다음 성당을 이루는 마지막 조건인 세례당을 찾아보자.

예배당 입구 맞은편에 팔각형의 건물이 있는데 이 건물이 바로 '산 조반니 세례당'이다. 피렌체의 수호성인인 세례요한에게 바치기 위해 이 건물을 지었는데 서쪽을 제외한 동쪽과 남쪽 그리고 북쪽에 문이 있다. 그 중 산타마리아 델 피오레 대성당을 바라보고 있는 동쪽 문이 바로 가장 유명한 '천국의 문'이다. 로렌초 기베르티가 1425년부터 1452년까지 무려 27년이나 걸려 만든 작품으로 미켈란젤로가 "천국으로 가는 문 같다"라고 극찬하면서 직접 이름을 붙여준 문이다. 지금도 항상 이 앞은 기념사진을 찍기 위한 사람들로 북적인다. 현재 보여지는 문은 훼손을 방지하기 위해 만든 모조품이다. 문에 새겨진 내용은 구약성서의 내용을 담고 있다.

기베르티는 산 조반니 세례당의 동쪽 문을 제작하면서 이름을 널리 알리게 되는데 원래는 금 세공인이었다. 그러다가 산 조반니 세례당의 동쪽문의 양각을 제작하는 제작자를 선정하는 공모전에 참가하여 '이삭의 희생'이라는 주제로 청동조각을 제작해서 제출했는데 당시 브루넬레스키 역시 기베르티와 같은 주제로 제작해서 심사위원에 제출하였다. 둘은 막상막하의 실력을 보여주었지만 극적 긴장감이 완화된 아름다움을 보여준 기베르티의 작품이 선정되었다.

이 공모전에서 둘의 대결은 아주 유명한데 기베르티가 최종 당선자가 된 내용에는 여러 가지 이야기가 있다. 첫 번째는 주최 측에서는 둘의 공동 작업을 제안하였으나 브루넬레스키가 서로의 작업스타일이 다르다고 하여 사퇴하는 바람에 기베르티가 최종 당선자가 되었다는 내용과 두 번째는 둘이 같은 작품을 제출하였으나 브루넬레스키보다 청동재료를 적게 쓴 기베르티가 보다 경제적으로 조각할 것 같아서 선정했다는 내용….

아직도 서로 의견이 분분하지만 당시 둘의 대결은 충분히 이슈가 될 내용이었고 인생의 진로가 걸린 아주 중요한 포인트가 되었던 것만큼은 확실했을 것이다.

아무튼 공모전에서 패배 아닌 패배를 한 브루넬레스키는 친구 도나텔로와 함께 로마로 가서 도나텔로는 조각을 브루넬레스키는 건축에 대해 연구를 하기 시작한다. 브루넬레스키가 연구한 것은 로마의 판테온에 있는 돔(DOME)이었고 수십 년째 천정에 돔을 만들지 못하고 있는 피렌체의 두오모 성당에 이 건축공법을 어떻게 적용할지 연구한 끝에 1436년 마침내 산타마리아 델 피오레 대성당의 돔 건설에 성공하게 되고 훗날 사람들은 브루넬레스키를 두고 르네상스 건축의 거장이라고 부르게 되었다.

라이벌이었던 기베르티에게 패배 아닌 패배를 한 브루넬레스키… 일반 사람들이라면 좌절에 빠져서 한동안 슬럼프에 빠졌을 수도 있고 더 심한 경우는 재기하지 못해 왕년에 잘 나갔던 그저 그런 사람으로 전락했을 수도 있다. 하지만 브루넬레스키는 자신의 패배를 인정하고 로마로 가서 자신이 다른 사람보다 잘 할 수 있는 것은 바로 건축이라고 생각해 건축을 공부한 끝에 너무나도 아름다운 피렌체 두오모 성당의 돔을 완성시킬 수 있게 된 것이다. 사실 실패라는 것은 누가 정해놓은 것이 아니다. 즉 어떠한 객관적인 틀에 맞춰져 있는 것이 아니라 철저히 주관적인 것이라는 것이다. 필리포 브루넬레스키… 과연 실패한 사람이었을까? 공모전에서 낙방한 것은 브루넬레스키 건축인생에 있어서 그저 하나의 과정이었을 뿐이다. 에디슨 역시 전구를 발명하기까지 수많은 실패가 있었지만 그건 실패가 아니라 전구를 발명하기까지의 과정이었을 뿐인 것이다. 세상을 살아가면서 누구나 한번쯤 자신이 원하는 방향으로 되지 않아 낙담하고 괴로운 때가 있을 것이다. 그럴 때 바로 르네상스 시대의 건축의 거장이었던 브루넬레스키를 떠올려보는 것은 어떨까?

콜럼버스의 유명한 달걀 일화… 사실은 브루넬레스키가 했던 행동 이다??

때는 수십 년 동안 완성시키지 못했던 산타마리아 델 피오레 대성당의 돔을 건축하는 건축가를 선정하는 공모전 때였다. 당시 심사관들은 과연 어떻게 넓은 성당의 꼭대기에 돔을 올릴 수 있을까 저마다 의견을 내놨는데 어떤 사람은 성당위에 흙으로 둥근 산을 쌓아서 올리는데 산을 올릴 때 흙속에 동전을 섞어서 쌓아서 나중에 산 위에 지붕을 만들고 흙을 제거할 때 가난한 자들이나 어린 아이들을 동원하면 그들이 동전을 얻을 수 있기 때문에 재미있기 않겠냐는 말도 안되는 의견을 내놓는 등 저마다 탁상공론에 빠져있을 때 심사관들은 돔 건축을 자신했던 브루넬레스키에게 어떤 의견이 있는지 물었고 이윽고 브루넬레스키는 달걀을 꺼내어 "이 달걀을 세울 수 있는 사람이 있습니까?" 라고 하자 모두들 달걀을 세우려고 시도했으나 결국 아무도 세우지 못했다. 그러자 브루넬레스키는 달걀을 들고 한쪽을 내리쳐 아래쪽을 깨뜨리고 달걀을 세웠다. 그러자 다른 참가자들이 "그런 건 누가 못하나~ 그런 것은 나도 할 수 있다" 고 비난하자 브루넬레스키는 이렇게 이야기했다.

"나는 저 성당꼭대기에 돔을 세우는 방법을 구상하고 있소. 하지만 만약 내가 돔을 만드는 방법을 미리 알려준다면 당신들도 나와 마찬가지로 그 일을 할 수 있을 것이 아니오." 사실 어떠한 새로운 일을 누군가가 처음으로 해냈을 때 보는 사람은 그런 아이디어나 일은 자기 자신도 충분히 할 수 있는 쉬운 일처럼 느껴지는 것이 사실이나, 중요한 것은 누가 창조적인 발상으로 그것을 먼저 해냈느냐 하는 것이다.

우리가 잘 알고 있는 '콜럼버스의 달걀' 이야기는 사실은 이미 브루넬레스키가 했던 말이고 어쩌면 콜럼버스가 그 사실을 알고 인용했을 수도 있다고 생각된다.

시뇨리아 광장

가는 길

산타마리아 델 피오레 대성당과 산 조반니 예배당 사이에서 이 두 건물을 등지고 반대편으로 바라보면 큰 길이 죽 나있는 것을 발견할 수 있다. 이 넓은 길에는 여러 가게들이 즐비해 있는데 이 길을 따라 약 300m 정도 걸어가면 길이 끝나고 넓은 광장이 한눈에 들어오게 된다. 바로 이 광장이 시뇨리아 광장(Piazza della Signoria)이다. 광장으로 가는 길 중간마다 단테의 생가 등 다른 유적지로 갈 수 있는 골목길도 쉽게 찾을 수 있다. 걸어가면서 시선을 약간만 위로 보면서 걸어가면 각 유적지를 표시하는 갈색의 이정표를 찾을 수 있다.

　시뇨리아 광장은 1268년 구엘프스가 기벨리네스의 지역에 있는 36채의 집을 파괴하고 통치권을 다시 얻은 기념으로 지은 광장으로 정치, 행정, 사회의 중심지이다. 많은 사람들이 이곳에서 자신의 정치적인 견해를 주장하고 연설하기도 하였고 사회적으로 문제가 있는 사람들의 재판이 일어나기도 했던 피렌체 역사의 중심지이기도 한 곳이다. 지금도 피렌체를 찾는 사람들이 꼭 한 번씩 찾는 곳이기도 하다. 광장에 들어서고 왼편을 보면 말을 탄 기마상이 보이는데 바로 코시모 메디치(코지모 1세)의 동상이다. 지금도 그렇지만 예전에도 예술가들은 경제적인 부담에서 벗어나 온전히 예술에만 파고드는 것은 매우 어려운 것이었다. 그래서 경제적인 이유 때문에 자신의 재능을 묻어버리는 경우도 허다했다. 당시 르네상스시기에는 몇백 년에 한 번씩 나올만한 예술의 천재들의 한꺼번에 등장하는 말 그대로 예술의 홍수시대였다. 그런데 그들이 온전히 예술에만 몰두할 수 있었던 것은 바로 메디치 가문의 후원 때문이었다. 메디치가의 후원 덕분에 라파엘로, 미켈란젤로, 레오나르도 다 빈치 등 당대 최고의 거장들이 예술활동에만 열심히 몰두한 끝에 지금까지도 많은 사람들이 감탄하는 최고의 작품들을 완성시킬 수 있었던 것이다. 깨어있는 한 재력가로 인해 당대 최고의 걸작품이 탄생할 수 있었고 그렇게 탄생된 걸작품은 조국 이탈리아에 엄청난 유산으로 돌아오게 되었다. 지금도 많은 사람들이 그들이 만들 작품을 만나기 위해 비싼 돈을 들여서 이탈리아를 찾게 되고 그들이 만든 작품을 보며 감동을 받곤 한다. 레오나르도 다 빈치가 기억되고 미켈란젤로가 기억되는 한 메디치 가문 역시 우리들에게 영원히 기억될 것이다. 이것이야말로 진정한 부자의 참모습이 아닐까?

코시모 1세 기마상 옆으로 큰 동상이 보이는데 바로 물의 신 넵튠의 조각상이다. 그리스에서는 포세이돈이라 불리는 물의 신이 로마에서는 넵튠이라고 불린다. 넵튠과 주변 조각상들을 합쳐 '넵튠의 분수'라고 부른다. 그런데 넵튠의 왼쪽 어깨를 자세히 보면 금이 가있고 덧붙인 흔적이 보인다. 그 이유는 바로 어느 한 미치광이가 넵튠의 어깨를 망치로 쳐 훼손시켰기 때문이다. 예전 2006년 가을쯤 필자가 학생들과 함께 이곳을 찾았을 때 현지인이 우리 일행이 오기 약 일주일 전 망치사건이 일어났다고 해서 깜짝 놀랐던 기억이 있다. 넵튠의 분수 앞에는 동그란 모양의 원판을 볼 수 있는데 바로 그 장소가 종교지도자 사보나롤라가 화형당한 장소이다. 그리고 다비드상과 헤라클래스상이 있는 높은 건물이 있는데 이 건물의 이름은 베키오 궁이다. 1298년부터 1314년까지 아르놀포 디 캄피오가 건축한 고딕양식의 궁전이며 예전에는 피렌체공국의 정부청사로 쓰였고 지금은 건물 일부가 피렌체 시청사로 쓰이고 있다. 궁전은 코시모 1세의 명을 받아 부온탈렌티와 바사리가 개축공사를 시행해 1540년부터 피티궁전으로 주거지를 옮긴 1549년까지 메디치 가문의 주거지로 사용되기도 하였다.

베키오 궁전 옆에는 회랑형의 공간이 있는데 이곳은 로자 데이 란치(Loggia dei Lanzi)라는 곳이다. '로자 데이 란치'란 개인 군대라는 뜻의 '란치케네키'에서 유래했는데 이곳은 코시모 1세를 경호하던 경호부대들이 주둔했던 곳으로 주로 독일 용병으로 구성되어 있었다. 현재 이곳에는 고대와 르네상스시대의 많은 복제조각품들이 전시가 되어있다. 대표적인 작품으로는 페르세우스, 사비나 여인의 강탈, 켄타우스를 공격하는 헤라클래스, 페트로클래스를 안고 있는 메넬라우스 조각상이 있다. 특히 페르세우스 청동상은 꼭 보기 바란다. 특히 아래에서 페르세우스를 올려보면서 페르세우스와 눈을 맞춰보길 바란다. 마치 페르세우스의 눈이 살아있는 듯한 느낌을 받게 될 것이다. 필자가 학생들에게도 꼭 한 번씩 페르세우스의 눈을 보고 오라고 하는데 대부분 깜짝 놀라면서 정말 정교하고 대단하다고 극찬한 작품이다. 시뇨리아 광장에 있는 것은 복제품이고 진품은 바르젤로 국립박물관에 전시되어 있다.

그리고 베키오 궁전 옆에 있는 긴 건물은 바로 유명한 우피치 미술관이다. 우피치 미술관은 세계 최고의 르네상스 미술관으로서 원래는 코시모 1세가 업무를 보는 건물로 쓰였다. 그래서 이탈리아어로 '사무실 관청'을 뜻하는 우피치(Uffizi)는 훗날 영어의 오피스(Office)의 어원이 되기도 한다. 1560년에 코시모 1세의 명을 받아 바사리가 건축을 시작하여 1584년에 완성된 건물로 메디치가에서 미술품들을 사 모으기 시작하자 코시모 1세의 후계자였던 프란체스코 1세가 부온탈렌티에게 명하여 개축하였다. 1737년 메디치 가문의 마지막 상속녀였던 안나 마리아 루드비카가 2,500여점에 이르는 미술수집품과 함께 우피치 궁을 피렌체 정부에 기증하여 대중들에게 공개될 수 있게 되었다. 현재 3층에는 회화, 2층에는 소묘와 판화, 1층에는 고문서가 있으며 입구는 3층부터이며 총 45개의 방이 있다. ㄷ자 모양의 우피치 미술관은 현재 미술관 작품 배치의 원칙을 세웠으며 관람객을 위해 최초로 작품에 작품명을 붙인 미술관이기도 하다. 이곳에는 티치아노의 '우르비노의 비너스', 보티첼리의 '비너스의 탄생', 레오나르도 다 빈치의 '수태고지', '예수의 세례', 카라바조의 '메두사' 등 아주 유명한 작품들이 많이 전시되어 있기 때문에 사전에 미리 어떤 작품들을 감상할지 정하고 다니는 것이 효율적으로 감상할 수 있는 방법이다.

피사의 사탑

가는 방법

피사 중앙역에 내려서 밖으로 나오면 바로 맞은편에 NH 호텔이 보이는데 그 호텔 앞에서 빨간색 LAM버스를 타고 약 10분정도 가면 피사의 사탑이 있는 두오모 성당에 도착하게 된다. 따로 안내방송이 나오지 않으므로 버스가 강을 건넌 후 오른편에 성벽이 보이면 그 때 내리면 된다. 버스표는 따바끼(TABACCHI)라고 쓰여 있는 곳에서 구입하면 된다. 하지만 굳이 버스를 타지 않아도 약 20~30분 걸어가면 피사의 사탑을 볼 수 있으니 피사의 골목길을 경험해보고 싶다면 한번쯤 걸어가는 것도 좋다. 생각보다 힘들거나 복잡하지 않기 때문에 지도만 있으면 누구나 쉽게 찾을 수 있다.

피사는 이탈리아 중부 토스카나주에 있는 아르노강 하구에 있는 항구도시였으나 오랜 퇴적작용으로 인하여 현재의 해안선은 시에서 서쪽으로 약 10km쯤 떨어져 있기 때문에 지금은 항구도시로서의 역할은 못하고 있다. 피사는 11세기말~12세기에는 제노바, 베네치아와 대립하는 강력한 해상공화국으로 번성하였고 십자군전쟁 이후 동방무역의 거점지로 부각되면서 많은 번성을 누렸으나 13세기에 이르러 제노바에 패하여 지배를 받으면서 점차 쇠퇴하게 되었다.

피사의 사탑이 있는 피사 두오모 대성당이 있는 두오모 광장은 기적의 광장이라고 불리기도 하며 광장에 있는 예배당, 세례당, 종탑은 모두 세계문화유산으로 등재되었다. 그 중 종탑이 바로 유명한 피사의 사탑이다.

피사의 사탑은 1173년 8월 9일에 착공하여 3차에 걸친 공사(1차 1173년~1178년, 2차 1272년~1278년, 3차 1360년~1372년)끝에 1372년에 완공되었으니 처음 시작부터 최종 완공까지 무려 200여년의 시간이 걸리게 된 것이다. 흰 대리석으로 만든 둥근 원통형의 8층의 종탑으로서 처음 건축을 할 때는 괜찮았었는데 3층 정도 탑을 올렸을 때 지반의 토질이 불균형해서 상대적으로 무른 남쪽방향으로 탑이 조금씩 기울어지고 있다는 것을 알게 되었다. 하지만 당시 전문가들이 판단했을 때 기울어지기는 하지만 무너질 염려는 없을 것 같아 그대로 공사를 강행하여 마침내 눈으로 보면서도 믿기 힘든 기울어진 탑이 완성되게 되었다. 조금씩 조금씩 기울어지고 있던 탑은 지난 1990년 기울기가 한계치에 가까운 4.5m를 넘으면서 붕괴의 위험에 처하자 이탈리아 정부는 총 2,400만 달러의 비용을 들여서 약 10년 동안 보수작업을 시작하였다. 기우는 쪽에 약 700톤에 달하는 납을 심어놓았고 강철 로프와 강철 추를 이용하여 기울기를 1838년 수준인 4.1m로 약 40㎝를 다시 돌려놓았다. 이제는 기울어짐의 각도가 5.5°에서 더 이상 기울어지지 않도록 고정하였고 복원공사 때문에 많은 관광객들의 발길이 줄어들게 되자 부랴부랴 2001년 6월부터 일반에 다시 공개하였으나 보존을 위하여 하루 30명으로 입장을 제한하고 있다.

이 곳 피사의 사탑은 탑 꼭대기에서 당시 피사 대학에서 강의하던 갈릴레오 갈릴레이가 무게가 다른 두 개의 공을 떨어뜨리는 자유낙하 실험을 해서 같은 높이에서 떨어지는 모든 물체는 무게와 상관없이 동시에 떨어진다는 '낙하운동에 관한 법칙'을 발견한 것으로도 유명하나 사실 갈릴레이가 이곳에서 낙하실험을 했다는 근거는 어디에도 없다. 그렇다면 이 이야기는 어디에서 나온 것일까? 바로 이탈리아의 물리학자이자 갈릴레이의 마지막 제자였던 비비아니에 의해서 나온 것이다.

비비아니는 갈릴레이에 대해서 전기를 저술하는데 그 때 갈릴레이가 이곳에서 낙하실험을 했다고 기록하고 있다. 만약 이곳에서 정말 그런 실험을 했다면 분명 이슈가 되어서 여기저기에서 이 실험 이야기가 기록될 법 한데 당시 저술된 책등 중에는 어느 것도 피사의 사탑에서 갈릴레이가 했던 이 실험에 대한 언급은 없었다. 따라서 피사의 사탑에서의 실험 이야기는 갈릴레이의 마지막 제자였던 비비아니가 지어낸 이야기일 확률이 높다. 게다가 낙하실험을 한 사람은 네덜란드의 수학자이자 물리학자인 시몬 스테빈이 자신의 집 2층에서 무게가 다른 두 개의 공을 떨어뜨려서 두 개의 공들이 같이 떨어지는 실험을 한 것으로 알려져 있다. 따라서 갈릴레이의 피사의 사탑 낙하실험 이야기는 시몬 스테빈의 실험이야기와 갈릴레이의 이론 그리고 피사에 거주했던 갈릴레이를 하나로 묶어서 만들어냈을 가능성이 높다.

갈릴레이와 관련된 세계사 뒷이야기

갈릴레이의 이야기 중 사실과 다른 것이 피사의 사탑의 낙하실험 외에도 또 있다??

우리는 망원경을 발명한 사람을 이야기하면 갈릴레오 갈릴레이를 떠올리곤 한다. 많은 책들에서 갈릴레이가 망원경을 발명하여 천체관측을 하였고 그로 인해 지동설을 발견하게 되었다고 하는데 실제로 망원경을 발명한 사람은 따로 있다. 망원경을 최초로 만든 사람은 네덜란드의 한스 리페르세이에 의해서 1608년에 발명된다. 당시 안경제조업자였던 한스 리페르세이는 아들이 리페르세이의 작업실에서 렌즈를 가지고 놀다가 렌즈를 우연히 겹쳐서 보자 멀리 있던 건물이 눈앞에 크게 보이게 되었고 그 사실을 리페르세이에게 이야기하자 리페르세이는 그것을 착안하여 망원경을 만들게 되었다. 그 후 갈릴레이가 독자적으로 망원경을 만들어 천체를 연구하게 되었고 그로 인해 달의 표면과 태양의 흑점, 목성의 모양과 빛깔, 크기, 토성의 꼬리와 목성의 4개 위성 등 많은 새로운 과학적 사실들을 알아내게 되었다.

(참고로 우리나라에 망원경이 들어온 시기는 1631년인 인조 9년 7월 12일에 명나라 북경을 다녀온 정두원이 천문을 관측하고 100리 밖의 적군을 살필 수 있다는 천리경을 바쳤다는 기록이 조선왕조실록에 있다. 천리경은 지금의 망원경을 가리키는 말이다.)

그리고 갈릴레이는 '그래도 지구는 돈다.' 라는 말을 남기지 않았다. 갈릴레이는 천체를 연구하였고 지동설을 주장하여 이단재판에 회부되었는데 재판장을 나오면서 '그래도 지구는 돈다.' 라는 유명한 말을 남겼다고 우리는 알고 있다. 하지만 갈릴레이는 재판에 회부되었으나 감옥에 수감되지 않았으며 형벌은 3년간 매주 1회씩 '시편' 을 읽는 것이었고 죄목은 '불복종죄' 였다. 갈릴레이는 교황 우르바누스 8세와도 친분이 있었고 교황청에서는 지동설의 근거를 증명해보라고 하였으나 갈릴레이에 대해 반감을 가지지는 않았다. 다만 갈릴레이가 지동설이 무조건적인 절대 진리라고 주장하지만은 않기를 바랐다. 하지만 갈릴레이는 수년 동안 지동설의 근거에 대해 증명하지 못하였고 그것 때문에 재판이 열렸고 재판 후에도 그는 국가연금을 받으며 편안한 말년을 보냈다. 그럼 갈릴레이의 유명한 말은 어떻게 된 것일까? 바로 갈릴레이가 사망 100년 후 프랑스 신부 이라이유가 쓴 '문학논쟁' 에 나오는데 이 역시 확실한 것이 아니라 스스로 지어냈거나 다른 사람의 이야기를 옮겨쓴 것이다.

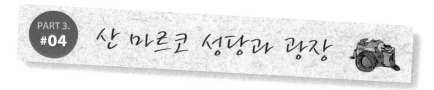

PART 3.
#04

산 마르코 성당과 광장

가는 길

베네치아 산타루치아 역에서 밖으로 나오면 바로 앞에 버스정류장이 보인다. 참고로 베네치아의 버스는 우리가 생각하는 일반적인 버스가 아니라 바포레토라 불리우는 수상버스이다. 정류장에서 1번 버스를 타고 S.Marco역에서 내리면 된다. 만약 베네치아의 구석구석을 보고 싶다면 산타루치아 역에서 산 마르코 광장까지 걸어갈 수도 있다. 약 30분정도 소요되는데 베네치아는 길이 복잡하게 되어 있기 때문에 자칫 길을 잃을 수도 있다. 하지만 그런 염려 때문에 아름다운 베네치아의 골목골목을 못 본다는 것은 너무나도 큰 손해이다. 광장까지 걸어가는 방법은 산타루치아 역에서 나온 후 왼쪽으로 걸어가면 사람들이 많이 가는 큰 길이 있다. 그 길로 계속 직진하면 되는데 시선을 약간 위쪽으로 향해서 걷다보면 건물에 노란색으로 붙어있는 이정표를 보게 된다. 그 이정표에서 S.Marco →라고 쓰여있는 이정표를 찾아서 옆에 있는 화살표방향으로 가면 쉽게 찾을 수 있다.

산 마르코는 마가복음 '성 마가'의 이탈리아식 명칭이다. 성 마가인 산 마르코는 베네치아의 수호성인으로 산 마르코 성당은 산 마르코의 시신이 안치되어 있는 곳이다. 산 마르코는 이집트 알렉산드리아에서 순교하셨는데 그로부터 약 800여년이 지난 후 이탈리아의 두 상인들이 마르코의 시신을 수습해서 베네치아로 가지고 오고자 하였다. 하지만 이집트에서 죽음을 맞이한 마르코의 시신에 함부로 접근하기란 매우 어려운 것이었고 만약 시신을 옮기다가 발각이라도 된다면 상인들의 안전 역시 보장할 수 없기 때문에 신중에 신중을 기할 수밖에 없었다. 고민을 거듭하던 끝에 드디어 묘수를 찾게 되는데 이슬람교도들이 많았던 이집트에서는 돼지고기를 먹지 않는데 그걸 이용해서 돼지고기 밑에 마르코의 시신을 숨겨서 이집트를 탈출한 후 배의 돛대에 매달아 베네치아로 들여오게 되었고 828년 산 마르코 성당을 세운 후 그 안에 유해를 안치하게 된 것이다. 처음에 총독의 개인예배당으로 사용하던 성당은 976년에 화재로 인해 파괴되었으나 1063년부터 재건공사를 거치면서 롬바르디아 양식이 가미되어 복원되었다. 17세기에 전체적으로 고딕 양식, 로마네스크 양식, 비잔틴 양식의 형태가 골고루 섞인 지금의 모습을 갖추게 된 후 1807년에 베네치아의 대성당이 되었다.

성당 안으로 들어가면 황금빛 모자이크가 화려하게 보이는데 천장이 온통 황금 모자이크 벽화로 뒤덮여 있다. 그래서 '황금의 성당'이라고 불리기도 한다.

성당 외부의 정면 위에는 높이 1.6m의 청동으로 만들어진 4마리의 말이 있다. 이 작품은 후기 헬레니즘 시대의 작품으로 추정되고 있으며 로마에서 콘스탄티노플로 옮겨졌다. 그 후 4차 십자군원정 때 콘스탄티노플을 함락한 베네치아에 의해 1204년 베네치아에 있는 산 마르코 성당에 전시되었다. 그 후 나폴레옹이 이탈리아를 침략했을 때 전리품으로 가지고 갔으나 1815년 다시 반환되어 이곳에 보관되어 있다. 성당 바깥에 있는 청동 말은 복제품이고 진짜 청동 말은 성당 안에 위치한 2층 박물관에 전시되어 있다.

청동 말 아래 둥근 아치에는 황금빛 배경의 모자이크 벽화가 장식되어 있는데 이 벽화에 산 마르코의 유해를 가지고 오는 과정을 담은 그림이 있으니 한번쯤 살펴보면 아주 흥미있을 것이다.

성당 바로 앞에는 세 개의 깃대가 하늘높이 솟아있는데 사이프러스, 칸디아, 모레아라 불리며 베네치아 왕국을 상징하고 있다.

이제 성당을 등지고 앞을 바라보자. 왼쪽으로 종탑이 있고 앞으로는 드넓은 광장이 보이는데 바로 산 마르코 광장이다. 산 마르코 광장을 보기 전 성당을 등지고 왼쪽을 보면 높이 솟아 있는 종탑을 보게 되는데 이 종탑의 높이는 99m로 원래는 9세기에 건설되었지만 1902년 7월 14일 모두 무너지게 되어 1912년에 재건축하였다. 종탑 위에는 5개의 종이 있는데 각각 마라고나, 트로티에라, 노나, 프레가디, 말레피초라고 불리며 시간마다 아름다운 소리를 울려 퍼지게 해주고 있다. 그 다음 성당을 등지고 오른쪽을 바라보면서 시선을 위로 향하면 옛 로마글자가 쓰여 있는 시계탑을 볼 수 있다. 이 시계탑은 15세기 때 잠 파올로와 라니에리가 디자인한 푸른빛의 배경을 둔 시계로서 화려한 금색 잎으로 장식되어 있다. 이 시계는 24시간뿐만 아니라 계절, 태양의 위치, 달의 면, 12궁도까지 알려주는 말 그대로 최첨단 천문시계인 것이다. 시계탑 꼭대기에는 무어인의 청동상 2개가 있는데 매 시간마다 종을 쳐서 시간을 알려준다. 이 아름다운 시계탑에도 전해오는 이야기가 있는데 이 시계탑이 완공되었을 때 당시 건설에 참여했던 인부들의 눈이 모두 멀어서 다시는 이렇게 아름다운 건물을 지을 수 없게 되었다고 한다. 그런데 과연 인부들의 눈이 저절로 멀게 되었을까? 이 전설과 비슷한 이야기가 유럽 곳곳에 자리 잡고 있다. 자신의 뜻과는 상관없이 더 이상 아름다운 건축물이 나오면 안된다는 몇몇 기득권층의 오만한 욕심 때문에 눈이 멀어 평생을 암흑 속에서 살아야 했던 그들을 생각하면 시계탑 꼭대기에서 들리는 종소리가 애잔하기만 하다.

자 이제 정면을 바라보자. 정면을 바라보면 많은 사람들이 사진을 찍기도 하고 비둘기들이 날아와서 관광객들과 놀고 있기도 하고 양 옆에는 조금 오래된 건물들이 죽 이어져서 하나의 사각형 광장을 이루고 있는데 바로 이 광장이 유명한 산 마르코 광장이다. 이 광장을 둘러싸고 있는 사각형의 건물은 바로 정부청사로 옛 베네치아 행정의 중심이었다. 오른쪽이 구청사, 왼쪽이 신청사이다. 이곳은 밤이 되면 잔잔한 야경과 함께 더욱 더 아름다움을 뽐내는데 예전 나폴레옹이 이곳을 두고 세계에서 가장 아름다운 응접실이라고 극찬했던 이야기는 아주 유명하다. 다시 산 마르코 성당쪽으로 와서 성당을 바라보고 오른쪽 바다가 있는 방향으로 가면 성당 바로 옆에 긴 건물이 있는데 그 건물이 역대 베네치아 총독의 관저로서 공화국 정부와 감옥이 있었던 두칼레 궁전이다.

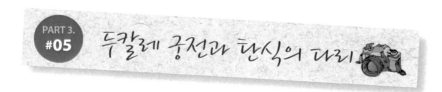

가는 길

산 마르코 성당까지 왔다면 바로 옆에 바다가 보이는 곳에 아치형의 디자인이
돋보이는 건물이 보일 것이다. 바로 그 건물이 두칼레 궁전이고 두칼레 궁전을 끼고
돌아서 바다가 보이는 큰 길로 나가서 약 30m정도 걸어가면 섬과 섬 사이를 잇
는 다리가 있는데 그 다리 가운데에서 왼쪽 물길 위쪽을 바라보면 공중에 창문이
두 개 달려있는 두칼레 궁전과 다른 건물을 연결하는 다리를 볼 수 있는데 바로 그
다리가 탄식의 다리이다.

두칼레 궁전은 베네치아 총독의 공직적인 거주지였으며 한때는 공화
국 정부의 청사이기도 하였다. 당시 베네치아의 최고 통치자를 '도제'
라 불렀기 때문에 '도제의 궁'이라고 불리기도 했다. 9세기경 총독의 청
사로 건설되었으나 여러 번 화재를 거치면서 보수공사를 하면서 여러
번 재건되었고, 현재 건물은 15세기에 건설된 건물이다. 여러 번의 화
재를 거치다보니 건물의 양식이 베네치아의 건축양식과 북부의 고딕
양식이 합쳐진 베네치안 고딕양식의 형태를 띄고 있다. 두칼레 궁전 2
층에 나열해 있는 기둥들 중 왼쪽에서 9번째와 10번째 기둥만 붉은
색을 띄고 있는데 그 이유는 다음과 같다. 예전에 중죄를 지은 죄인들
을 처형한 후 이 두 기둥에 죄인의 머리를 효시했던 기둥으로서 모든
사람들에게 경각심을 불러일으켜서 죄를 짓지 못하도록 했던 당시 당
국의 정책이었다.

또한 궁전 정면 가운데 예전에 정부의 포고문이나 법령 등을 붙였던 '문서의 문' 위에 조각되어 있는 날개달린 사자상은 베네치아의 수호신으로서 성 마가를 상징하고 있다. 성 마가를 상징하는 날개달린 사자의 유래는 다음과 같다. 사자는 광야에서 큰 소리로 울부짖는 마가의 외침을 사자의 울음소리로 비유하였고 날개는 에스겔의 환상에 나오는 '생명체의 날개'를 적용해서 나온 것이다.

궁 안으로 들어가면 총독의 방, 접견실, 투표실, 재판실 등과 유명한 '10인 평의회의 방'도 볼 수 있다. 도한 이곳에서는 베네치아 화파의 화가들의 작품들도 만날 수 있는데 유명한 틴토레토의 '천국', 베로네세의 '베네치아의 승리'가 유명하다.

이제 두칼레 궁을 빙 돌아서 가다보면 두칼레 궁과 옆 건물을 잇는 다리가 보이는데 중간에 창문이 두 개 달려있는 그 다리가 바로 탄식의 다리이다. 탄식의 다리는 두칼레 궁 재판실과 프리지오니 감옥 사이를 연결하고 있다. 17세기에 세워진 이 다리는 법정에서 형량을 선고받은 죄수들이 감옥으로 이송될 때 건너는 다리인데 죄수들이 감옥으로 가면서 이 다리에 있는 창문을 바라보게 되는데 창문 너머로 보이는 바깥세상이 이제 내가 보는 마지막 세상이라는 생각에 그들이 탄식을 하게 되고 탄식의 다리를 마주보고 있는 다리에서는 죄수들의 가족들이 하염없이 울면서 탄식을 하고 있는 것에서 유래했다. 죄수들의 가족들은 죄수들이 언제 재판을 받고 감옥으로 가는지 그 날짜는 알 수 있으나 정확한 시간은 알지 못한다. 그래서 죄수들이 감옥으로 옮겨지는 그 날짜에는 아침부터 밤늦게까지 계속 탄식의 다리를 바라보고 있는데 밖에서는 다리 안이 보이지 않으나 안에서는 바깥이 보이기 때문에 죄수들에게 마지막으로 가족들의 얼굴을 보여주기 위해서 감옥으로 옮겨지는 날에는 하루 종일 눈물을 훔치면서 탄식의 다리를 바라보고 있게 된다. 탄식의 다리를 건너가는 죄수들은 대부분 종신형을 선고받은 자들이 대부분이기 때문에 다시는 세상밖에 나오지 못하게 되는데 이 감옥을 탈출한 유일한 사람이 있다. 그가 바로 누구나 한번쯤은 들어봤을 이름… '카사노바'이다.

카사노바는 어떻게 감옥을 탈출할 수 있었을까?

1725년에 베네치아에서 태어난 카사노바는 어렸을 때부터 매우 영특했으며 엄청난 재능을 가지고 있었다. 그래서 바이올리니스트, 승려, 비서, 군인, 탐험가, 법률가, 철학자, 스파이 등 한사람의 직업이라고는 믿들 힘들만큼 엄청나게 많은 일들을 했었다. 그런 카사노바는 1755년 교황청의 심판관들에게 이단혐의로 체포되었고 5년형을 선고받은 후 감옥에 수감되었다. 옥살이를 한지 15개월 후 카사노바는 "나를 이곳에 가둘 때 아무도 나의 동의를 구하지 않았듯이 나 역시 누구에게도 동의를 구하지 않고 이곳을 나가노라." 라는 말을 남기며 탈옥을 해서 파리로 갔다.

그럼 카사노바는 어떻게 탈출할 수 있었을까? 일설에 의하면 여자간수를 꼬셔서 탈옥에 성공했다는 이야기가 들리기도 하지만 카사노바는 납으로 된 감옥 방에서 마루에 구멍을 파면서 탈옥을 계획했었으나 갑작스럽게 감옥 방을 변경하는 바람에 첫 탈옥시도는 실패하게 되고 새롭게 옮긴 방에서 옆방에 있는 발비신부와 함께 서로의 방에 천장을 뚫고 창문을 떼어낸 후 밧줄로 몸을 매달아 다른 곳으로 이동한 후 밖으로 나가면서 드디어 탈옥에 성공하게 된다. 과연 카사노바다운 탈옥이고 탈옥한 후 곧바로 파리로 넘어간 것이 아니라 산 마르코 광장에 있는 카페 플로리안에서 커피한잔을 마신 후 파리로 향했으니 그의 배짱 아닌 배짱도 보통사람과는 틀린 것만은 확실하다. 파리로 도주한 카사노바는 매우 유명해졌고 게다가 복권에도 당첨되어 엄청난 거액을 손에 쥐게 되었다. 카사노바는 유럽 전역을 돌아다니면서 여행을 하였고 여행을 하면서 귀부인에서부터 하녀에 이르기까지 온갖 종류의 사람들과 사귀고 만나면서 그만의 자유분방한 삶을 즐겼다. 많은 여자들을 만났지만 그는 항상 만나는 여자들에게 최선을 다했고 1798년 7월 4일 카사노바가 사망하자 많은 사람들은 그를 사랑의 화신으로 기억하며 그를 기리게 되었다.

곤돌라의 유래는 무엇일까?

이탈리아어로 '흔들린다' 라는 뜻의 곤돌라는 자동차가 없는 베네치아에서 아주 중요한 교통수단으로 쓰이고 있다. 한때는 1만 척이 넘을 정도로 큰 인기를 누렸으나 지금은 베네치아를 찾는 관광객들에게 베네치아의 향수를 전해주는 관광상품으로 운영하면서 400척만 제한적으로 남아있게 되었다. 곤돌라는 길이가 11m, 무게는 600㎏이고 8종의 나무를 재료로 하여 280개의 조각으로 만든 배이다. 아직도 수작업으로 제작을 하기 때문에 곤돌라 1척을 만들기 위해서는 보통 1년가량 소요된다. 예전에 베네치아의 주요 교통수단이었던 곤돌라는 귀족들이 자신의 부를 과시하기 위해서 너나할 것 없이 화려하게 치장했는데 그 정도가 점점 지나치자 1562년 베네치아 의회에서 모든 곤돌라를 검은색으로 통일하라는 법령을 발표하여 지금까지 내려와 현재도 곤돌라의 색은 검은색으로 통일되어 있다. 하지만 매년 9월 첫째 주 일요일에는 대운하에서 곤돌라 경주가 열리는데 이날만큼은 각양각색으로 화려하게 치장한 후 퍼레이드를 펼치는 곤돌라를 볼 수 있다. 곤돌라를 모는 사공을 곤돌리에라고 하는데 일반 뱃사공이라기보다는 전문 자격시험을 거쳐서 합격한 사람들만 곤돌라를 몰 수 있는 자격으로 주는데 시험역시 단순한 곤돌라 운행능력만 보는 것이 아니라 영어, 역사, 문화 등 다양한 시험에 통과해야 하며 뛰어난 노래실력 역시 갖춰야 한다. 이렇게 엄격한 자격시험을 거쳐 선발된 곤돌리에들은 자신이 베네치아의 문화를 전파하다는 큰 자부심을 가지고 일을 하게 되며 경력자들은 누구 못지않은 고수익을 보장받게 된다.

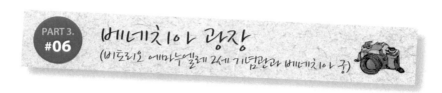

가는 방법

처음으로 이곳을 간다면 로마 테르미니 역에서 64번 버스를 탄 후 베네치아 광장
에서 하차하면 되고 다른 곳을 다녀온 후 이곳으로 갈 예정이라면 로마 전역에서
베네치아 광장으로 가는 버스는 많이 있으니 버스 루트를 확인한 후 베네치아
광장(Piazza Venezia)에서 하차하면 바로 찾을 수 있다.

　아주 많은 버스노선이 있는 장소이기 때문에 로마 어디에서도 쉽게
찾아올 수 있는 베네치아광장은 버스정류장에서 내리면 흰색의 대리
석 건물이 눈에 들어오는데 바로 1861년에 이탈리아를 통일한 비토리
오 에마누엘레 2세의 기념관이다. 엄청나게 큰 건물이 장관이긴 하지
만 주변의 오래되고 고풍스런 거리 및 건물 분위기와 어울리지 않는
다고 하여 로마인들에게 혹평을 받고 있는 곳이기도 하다. 현재는 전
쟁기념관으로 사용하고 있고 기념관 앞에는 이탈리아 통일을 위해 죽
어간 무명용사들을 기리는 불꽃이 365일 꺼지지 않고 타오르고 있다.
건물의 꼭대기에는 뾰족뾰족 튀어나와 있는 기둥을 볼 수 있는데 그
것 때문에 이곳은 '케이크 건물' 또는 '타자기 건물'이라는 별명으로 불
리고 있다. 단, 별명을 붙인 이유가 보다 친근하게 부르기 위해서 붙인
것이 아니라 비아냥거리기 위해 붙인 것이라는 점이 특이하다.

　비토리오 에마누엘레 2세에 의해 통일되기 전 이탈리아는 오스트리
아제국의 지배 속에서 생활하고 있었다. 그래서 이탈리아 사람들은 오

스트리아의 지배를 벗어나서 각 자치주들이 서로 합쳐서 하나의 통일된 국가를 세우기를 염원하였고 주세페 마치니라는 사람이 만든 '청년 이탈리아 당'이 주축이 되어서 이탈리아 통일운동을 이끌게 되었다. 여러 자치주들이 모여 통일된 이탈리아 공화국을 만들기 위한 이 운동을 '리소르지멘토(재기, 부흥이라는 뜻)'라고 부른다.

점점 성장한 청년 이탈리아 당에 주세페 가리발디라는 해군선원이 가입했는데 그가 바로 이탈리아를 통일하는데 혁혁한 공을 세운 가리발디 장군이다. 가리발디 장군의 활약으로 오스트리아를 이탈리아 땅에서 몰아낸 이듬해인 1861년에 이탈리아 북부 자치주였던 피에몬테-사르데냐주의 왕인 비토리오 에마누엘레 2세가 통일된 국가의 첫 번째 국왕이 되었다.

비토리오 에마누엘레 2세 기념관을 등지고 왼쪽을 바라보면 베네치아 광장이라는 이름의 유래가 된 베네치아 궁이 있다. 이곳 2층 발코니에서 2차 세계대전의 주범인 무솔리니가 전쟁의 시작을 알리는 연설을 했고 예전에는 베네치아 대사관으로 그리고 파시스트 당사로도 사용하다가 지금은 박물관으로 사용하고 있다. 베네치아 광장에서부터 콜로세움까지 길이 크게 쭉 뻗어있는데 이 길을 무솔리니가 만든 것이다. 전쟁 때 아군의 이동이 용이하도록 길을 편하게 깔았는데 이 과정에서 수많은 고대 로마유적이 파괴되고 부서졌다. 무지한 지도자 한사람이 역사 앞에서 얼마나 큰 실수를 하는지 여실히 보여주는 내용이다. 게다가 무솔리니가 만든 이 길로 아군이 아닌 무솔리니의 적군 즉 연합군이 이 길을 통해 보다 쉽게 로마로 진격할 수 있게 된 것이다. 우리에게도 편하면 적들에게도 편하다는 사실을 잊으면 안 된다. 일본에서 왜 도쿠가와 이에야스가 길들을 좁고 불편하게 만들었는지… 우리나라 보은에 있는 삼년산성이 왜 성안으로 들어가는 문이

기존의 방식과는 다르고 불편하게 만들었는지 무솔리니가 알고 있었다면 그런 실수는 하지 않았을 것이다. 불편함에 대해 충분히 알고 있는 우리는 그저 불편함을 감수하면 되지만 그런 정보가 없는 적들에게는 치명타가 될 수 있기 때문이다.

베네치아 궁을 등지고 왼쪽을 바라보면 길 건너 차들이 다니기는 하지만 광장의 차선보다는 좁은 길이 보이는데 그 길이 로마의 로데오 거리라 불리는 코르소 거리이다. 그 거리를 한번쯤 걸어보는 것도 좋은 추억이 될 것 같다.

트레비 분수

가는 길

지하철 A선 Barberini 역에서 하차한 후 'Fontana di Trevi'라고 쓰여 있는 이 정표를 따라가면 쉽게 찾을 수 있다. 코르소 거리에서 찾아가는 경우에는 코르소 거리를 걷다보면 맥도날드 이정표가 보이고 그 골목으로 들어가가면 바로 맥도날드가 보인다. 그 길 따라 약 2~3블럭정도 더 직진하면 사람들이 갑자기 북적북적되는 곳을 보게 되는데 그 곳이 바로 트레비분수이다.

　　로마는 분수의 도시이다. 수십 개의 분수 중에서 가장 아름다운 분수를 꼽으라면 단연 트레비분수를 꼽을 수 있다. 후기 바로크 양식의 걸작으로 꼽힐 만큼 뛰어난 예술적 감각을 자랑하는 트레비분수… 여기서 트레비란 말은 세 갈래 길이 모이는 곳이란 뜻으로 지금은 분수 주변이 오거리의 골목이 있지만 예전에는 삼거리가 있는 광장에 만들어진 것이라 트레비분수라는 이름이 붙여졌다.

　　트레비분수는 교황 클레멘스 12세의 명을 받아 분수공모전을 내는데 그 때 니콜라 살비라는 건축가의 설계가 당선되면서 1732년에 공사를 시작하여 30년만인 1762년에 완성되었다. 분수에는 가운데 바다의 신 넵튠(포세이돈)이 있고 넵튠 양 옆에 있는 두 명의 여신상 중 바구니를 들고 있는 여신은 풍요를, 창을 들고 있는 여신은 건강을 상징한다. 그 아래 넵튠의 아들들인 트리톤이 한 마리씩 총 두 마리의 말을 끌고 있는 모습인데 한 마리의 말은 난폭한 모습, 한 마리의 말은 온순한 모습을 하고 있는데 그 이유는 바다의 양면성… 즉 파도가 치는 난폭한 바다와 조용한 바다를 상징하고 있다.

넵튠 머리 위에 조각되어 있는 4명의 여자조각상들은 봄, 여름, 가을, 겨울 사계절을 나타내고 있는데 그 이유는 사계절 내내 로마와 로마인들의 행복을 빌기 위함이었다. 그 아래에 있는 두 개의 부조 중 왼쪽 부조는 로마의 고가수로를 만든 아우구스투스황제의 집정관인 아그리파의 모습이고 오른쪽의 부조는 처녀의 샘에서 처녀가 병사에게 물을 주고 있는 모습이다.

트레비 분수는 처녀의 샘이라고도 불리는데 그 이유는 예전 병사들이 전쟁 중 목이 너무 말라서 물을 찾고 있을 때 한 처녀가 나타나어느 한 곳을 가리키며 그 곳을 파보라고 하였고 처녀의 말대로 그 곳을 파보자 신기하게도 물이 샘솟아 병사들의 갈증을 해소하게 했다는 이야기가 전해져오고 있는 곳이기도 하다.

이곳에는 또 하나의 전설이 있는데 바로 동전에 관한 전설이다. 트레비분수를 등지고 동전을 던지면 되는데 한 개를 던지면 로마로 다시 돌아오게 되고 두 개를 던지면 사랑하는 사람과 사랑이 이루어지게되고 세 개를 던지면 싫어하는 사람과 헤어지게 된다는 전설이다. 동전을 던질 때는 오른손으로 동전을 잡고 왼쪽 어깨 뒤로 던져야 하는데 이렇게 분수에 모인 동전들은 이탈리아 정부에서 정기적으로 수거해서 가난한 사람들을 위한 자선사업으로 사용되고 있는데 이렇게 모여진 동전이 1년에 약 60만 달러정도 된다고 하니 정말 어마어마한 금액이다.

고대 로마의 최고 전성기 때의 인구의 수는 약 150만 명이었다. 그때 그들이 사용했던 물의 소비량은 지금과 비슷한 하루에 약 4천만 갤런이었다. 그래서 로마는 엄청난 물의 양을 충족시키기 위해서 각 지역의 강에서 물을 끌어왔는데 먼 곳은 자그마치 800km나 떨어진 곳도 있었다. 물의 여왕이라 불릴 정도로 경이로웠던 로마의 수로 위에 건설 된 것이 바로 이 트레비분수이다.

그리고 이곳 주변에는 이탈리아의 명물 아이스크림 '젤라또'를 파는 가게들이 많이 있다. 저렴한 가격은 아니지만 한번쯤 사서 먹어보는 것도 좋은 추억이 될 수 있다. 또한 이곳에는 항상 관광객들이 붐비기 때문에 소매치기에 조심해야 하고 특이한 분장이나 복장을 하고 같이 사진찍자고 다가오는 사람들 역시 사진을 찍고 나면 약 10유로 이상의 팁을 요구하니 유의해야 한다.

PART 3. #08 스페인 광장

가는 길

지하철 A선 Spagna역에서 내리면 바로 앞에 난파선 모양의 분수를 찾을 수 있는데 그곳이 스페인 광장(Piazza di Spagna)이다. 혹은 트레비분수에서 약 10분~15분 정도 걸어가면 중간마다 스페인광장이라는 이정표가 보이므로 쉽게 찾을 수 있다.

    스페인 광장… 하지만 이곳은 스페인 사람들이 아닌 프랑스 사람들이 만든 곳이다. 중세 때 이곳은 프랑스 사람들의 주거지였는데 1495년 이 곳 광장의 언덕 위에 '트리니타 데이 몬티 성당(삼위일체 성당)'을 지었다. 그래서 그런지 로마에서는 보기 드물게 2개의 종탑을 이루고 있다. 프랑스인들에 의해 조성되고 꾸며진 이 광장은 17세기에 이 광장 주변에 스페인 대사관이 들어오게 되면서 현재의 이름인 스페인 광장으로 불리게 되었다. 스페인광장의 유명한 명물로 몇 가지를 꼽을 수 있는데 그 중 가장 유명한 것이 1726년에 프랑스 대사관의 도움을 받아 성당 아래 언덕에 만들어진 스페인 계단으로 불리고 있는 137개의 계단이다. 이 계단의 원래 명칭은 '트리니타 데이 몬티 계단'이다. 지금은 스페인 계단으로 불리고 있고 1953년 개봉된 영화인 '로마의 휴일'에서 오드리 헵번이 젤라또를 먹으면서 이 계단에서 내려오는 장면이 영화에 나오면서 더욱 더 유명해지게 된 장소이다. 하지만 지금은 문화재보호를 위해 이 계단에 앉아서 쉴 수는 있으나 음식물 섭취는 금지하고 있다.

계단 앞에는 배 모양으로 된 분수가 보이는데 바로 17세기의 대표적인 예술가였던 베르니니의 아버지인 피에트로가 16세기말에 제작한 '난파선의 분수'이다. 트레비 분수와 더불어 로마에서 가장 오래된 수로를 이용하고 있는 이 분수는 테베레 강의 물이 범람해서 우연히 이곳에 와인 운반선이었던 바르카챠가 떠내려 온 것을 보고 영감을 얻어 제작한 것이다. 분수의 물은 위, 아래 두 군데로 나뉘어져서 나오고 있는데 위쪽에서 나오는 물은 사람이 아래쪽에서 나오는 물은 말이 마시는 용도이다. 트레비분수와 더불어 맛이 아주 좋기로 소문나서 많은 사람들의 갈증을 해소해주고 있지만 이탈리아의 석회수에 적응되지 않은 우리들은 보다 건강한 여행을 위해 가급적이면 마시지 않는 것이 좋다.

광장 앞에 길게 나있는 거리가 있는데 바로 로마의 유명한 명품거리 '콘도티 거리'이다. 유명한 명품 샵들이 즐비해 있을 뿐만 아니라 이 거리 안에 있는 '카페 그레코(Caffe Greco)'라는 그리스인이 창업하여 250년의 역사를 가지 유명한 커피숍에는 지금까지 수많은 예술가들과 저명인사들이 문학, 예술, 정치에 대해 논했던 장소로도 유명하다. 예전 창업 당시의 디자인을 고수하고 있는 이곳의 벽면에는 유명한 카사노바, 키츠, 괴테, 바그너, 비제 등 유명한 저명인사들의 초상화가 걸려있으니 한번쯤 찾아가서 커피한잔 해보는 것도 좋은 추억이 될 것이다.

가는 길

베네치아 광장에 도착하면 비토리오 에마누엘레 2세 기념관이 보이는데 기념관을 마주보고 왼편을 바라보면 높이 솟아 있는 원기둥이 보인다. 그 원기둥이 바로 트라야누스황제의 원기둥이다.

(베네치아 광장을 가는 방법은 본문 베네치아 광장 편을 참조)

우리나라 역사에서 대륙을 호령한 위대한 임금… 광개토태왕이 있다면 로마에는 트라야누스 황제가 있다. 그가 재위하는 동안 로마제국의 최대 판도를 이루었으며 고아원 건설과 같은 사회복지에도 힘을 써 많은 고아와 난민들이 줄어들고 많은 실업자들이 일자리를 찾게 되어 현재 로마에서도 아주 존경받는 황제 중 한분이다.

비토리오 에마누엘레 2세 기념관에서 왼편을 길을 건너면 보이는 높은 원기둥은 자그마치 전체 높이가 40m에 이를 정도로 어마어마하게 높다. 이 기둥은 트라야누스 황제가 만들었고 원정전투에서 승리한 것을 기념하기 위해 원로원과 시민들의 후원으로 세워지게 되었다. 이 기둥은 우리나라의 비석처럼 글씨를 새겨 넣은 것이 아니라 황제의 활약상과 당시 시대에 대해서 부조로 조각을 해놓은 것인데 지름이 3.5m나 되는 큰 대리석 원통을 하나하나 쌓아서 올린 것이다. 부조로 조각해놓아서 그림으로 연결되는 엄청난 대서사시인 이 원기둥에 등장하는 인물의 수만 무려 2천 5백 명이 넘게 등장하고 있으며 주로

101년~102년, 105년~106년에 있었던 다치안(지금의 루마니아) 전투를 묘사하고 있다. 기둥의 꼭대기에는 1587년까지는 트라야누스황제의 조각상이 있었지만 그 후 성 베드로의 동상으로 바뀌게 되었다.

트라야누스 황제는 98년부터 117년까지 집권한 왕인데 그는 로마시대에 영토를 가장 많이 넓힌 황제로서 로마제국의 전성기를 이뤄낸 오현제(五賢帝) 중 한분이다.

(오현제 - 네르바, 트라야누스, 하드리아누스, 안토니우스 피우스, 마르쿠스 아우렐리우스)

그 다음 원기둥 동쪽을 살펴보면 아치형으로 입구가 수십 개가 있는 건물을 볼 수 있는데 바로 트라야누스 황제에 의해 110년~112년 사이에 건축되어서 총 6층짜리 건물에 150개가 넘는 상점과 사무실, 술집, 식당 등이 있었던 곳이다. 지금으로 말하면 거대한 복합쇼핑몰 같은 이곳은 당시 로마에서 생필품을 공급하는 중심지의 역할을 했고 로마뿐만 아니라 주변 각국에서 생산된 물품들도 이곳에서 거래가 되었다. 약 2000년 전에 이런 거대한 시장이 존재했다는 사실이 놀랍기만 하고 또 이런 거대한 시장을 기획한 트라야누스 황제의 리더십에 또 한 번 놀라게 된다.

포로로마노

가는 길

지하철 B선 Colosseo 역에서 내린 후 콜로세움를 바라보고 오른쪽으로 약 5분정도 걸어가면 된다. 또는 트라야누스 황제의 원기둥과 시장을 본 후 길을 건너 왼쪽으로 약 1~2분만 걸어가면 지금은 폐허의 모습이지만 당시 로마제국의 정치, 경제, 사회, 문화의 중심지였던 포로로마노를 만날 수 있다.

　　포로로마노란 말은 무슨 뜻일까? 영어의 포럼(Forum)의 기원이 된 포로(Foro)는 공공집회장소를 뜻하는 말로서 당시 로마인들이 모여서 생활하면서 원로원, 의사당, 신전 등 공공기구와 일상에 필요한 시설들을 갖춘 곳이다. 기원전 6세기부터 300여 년 동안 로마인들의 생활 전반의 중심지였으나 서로마제국의 멸망 등으로 폐허가 된 상태로 방치가 되었고 지진과 토사 그리고 테베레 강의 범람으로 인해 그대로 묻혀버렸다가 19세기이후에 발굴 작업이 시작되어 현재에 이르게 되었다.

　　포로로마노의 전성기는 기원전 1세기경 카이사르와 그의 후계자 옥타비아누스가 그 기초를 세운 후 공화정 시대에 여러 신전과 원로원, 개선문, 상점들이 들어오면서 최고의 전성기를 누렸으나 공화정시대가 끝나고 왕정이 시작되면서 정치의 중심이 원로원에서 황제의 궁전이 있는 팔라티노 언덕으로 옮겨지게 되었고 그에 따라 포로로마노 역시 쇠퇴기를 맞이하게 되었다. 포로로마노의 중앙에는 성스러운 길이라고 불리는 '비아 사끄라가 있는데 이곳은 전투에서 승리한 장군들

이 개선퍼레이드를 하는 거리였다. 또한 이 안에는 여러 건물들이 있는데 간단하게 살펴보면 포로로마노 내 두 개의 개선문 중 하나이고 포로로마노 내에서 원로원 다음으로 가장 눈에 잘 띄는 셉티미우스 세베루스의 개선문은 셉티미우스 세베루스 황제가 재위 10주년과 두 아들의 전쟁승리를 기념하기 위해서 세운 것이다. 현재 새겨진 조각들이 많이 부식되긴 하였으나 파르티아(지금의 이란과 이라크)와 아라비아에서 승리한 황제의 모습을 묘사하고 있으며 원래 개선문 상단부에는 황제의 두 아들인 카라칼라와 제타의 이름이 새겨져 있었는데 셉티미우스 세베루스 사후 카라칼라가 황제에 자리에 오르면서 동생 제타를 죽이고 문에 새겨진 이름까지 지워버렸다.

베스타 신전은 불의 여신인 베스타를 모시기 위해 4세기경에 만든 작은 원형신전이었다. 불의 여신이었던 베스타는 공화국의 수호신이기 때문에 이 분을 모시고 신전을 지키는 일은 매우 중요한 일로 인식되곤 하였다. 그래서 이곳에는 늘 꺼지지 않는 성화가 타오르고 있었고 이 불은 귀족 가문에서 선발된 6~10세 사이의 6명의 베스탈이라 불리는 처녀제관이 지켰다. 베스탈이라 불리는 처녀제관의 임기는 30년이었고 사회적으로도 아주 높은 명예와 특권을 받을 수 있는 직업이었다. 그러나 임기동안에는 처녀성을 잃으면 안됐으며 만약 어길 시에는 산채로 생매장을 당하기도 하였다. 임기가 끝나면 평민으로 돌아가 평범한 삶을 살 수 있도록 허락을 받았고 베스타 신전 뒤에는 지금은 대부분 파괴되어 원형을 알아볼 수 없으나 6명의 베스탈이 살았던 집터가 남아있다.

쿠리아는 당시 많은 상거래가 이뤄졌던 에밀리아 바실리카 옆에 있는 붉은 벽돌건물로서 1937년에 복원되어 지금까지 전해지고 있다. 이곳은 공화정 시대 때 원로원의 의사당으로 사용되었던 곳이고 브루투스를 포함한 원로원 귀족들이 회의에 참석하는 카이사르를 암살한 곳도 이 건물 앞이었다.

티투스 개선문은 로마에서 가장 오래된 개선문으로 81년 예루살렘과의 전투에서 거둔 승리를 기념하기 위해 도미티아누스 황제에 의해 세워진 것이다. 가장 오래되었지만 보존 상태는 양호한 편이며 문에는 예루살렘에서 약탈한 전리품을 운반하는 병사들의 모습이 새겨져있다.

그 밖에도 포로로마노에는 카이사르의 무덤, 로물루스의 무덤, 마메르티노 감옥, 카이사르 신전 등 다양한 건물들이 즐비 되어 있다. 필자는 개인적으로 이 곳 포로로마노를 볼 때마다 떠오르는 인물이 있다. 어쩌면 세계의 역사에 아주 큰 획을 그은 인물이라고도 할 수 있다. 우리는 독일의 황제를 카이저, 러시아의 황제를 차르라고 한다. 그렇다면 그 말의 유래는 과연 무엇일까? 바로 율리우스 카이사르이다. 한편으로는 독재자라는 오명을 쓰고 있기는 하지만 남자로서 장군으로서 지도자로서 정말 멋있는 리더였던 율리우스 카이사르….

카이사르는 로마에서 가장 오래된 귀족가문에서 태어났다. 어려서부터 배짱과 패기가 남달랐고 로마 역사상 최고의 창조적인 천재라 평가받는 카이사르는 전쟁에 나가서는 패배를 모르는 백전불패의 장군이었고 이집트의 클레오파트라 등 많은 여인들의 사랑을 한 몸에 받았던 인물이었다. 하지만 카이사르는 그것보다 더 뛰어난 리더로서 평가받고 있다. 많은 사람들이 카이사르를 독재자라고 생각하고 있다. 하지만 이탈리아 고등학교 역사교과서에는 이런 말이 나온다. "지도자에게 요구되는 자질은 지성, 설득력, 지구력, 자제력, 지속적인 의지이다. 오로지 카이사르만이 이 모든 자질을 갖추고 있다." 우리가 생각했던 독재자에 대한 평가가 아니다. 카이사르는 기득권 세력이었던 귀족가문 태생이었지만 결코 기득권 세력들과 함께 그 권세를 누리며 살아가려 하지 않았다. 당시 원로원은 몇몇 귀족가문들에 의해 좌지우지되고 있었으며 그들은 로마의 이익보다는 자기 가문의 이익에만 급급했다. 로마의 발전과 번영을 위해서는 큰 변화와 개혁이 필요했는데 권력의 맛에 취해버린 기득권층은 그런 변화를 바라지 않았다.

카이사르는 당시 장군이었던 폼페이우스와 로마 최고의 부호인 크라수스와 함께 삼두정치를 시작하였다. 이것이 바로 1차 삼두정치이다. 이윽고 로마 집정관이 된 카이사르는 오랜 숙원이었던 농지법을 통과시켰다. 농지법은 국유지를 무산자들에게 무상으로 분배해서 자영농을 육성하는 정책인데 이미 국유지를 개인 사유지로 만들어서 대농장을 소유하고 있던 기존 기득권 귀족들은 당연히 반대의 뜻을 강하게 내비쳤으나 카이사르는 대중 집회인 민회까지 이 법안을 끌고 가서 마침내 법안을 통과시키게 되었다. 안으로는 평민들을 위한 내정을 탄탄히 하였고 밖으로는 오늘날 프랑스와 벨기에에 해당하는 갈리아까지 정복하게 되자 많은 원로원 귀족들은 카이사르를 두려워하기 시작하였고 두려움은 이내 적개심으로 변해 카이사르를 제거할 계획을 하게 되었다. 그러나 카이사르는 자신의 반대세력을 가차 없이 숙청하였고 친구였으나 카이사르의 반대편에 섰던 폼페이우스까지 이집트에서 제거하면서 천상천하 유아독존의 로마 최고의 통치자가 되었다. 유일한 지도자가 된 카이사르는 여러 개혁정치를 통해 로마의 많은 변화를 꾀하게 되는데 그 중 유명한 것이 바로 달력의 개정이었다. 기존의 태음력을 1년 365일로 하는 태양력으로 바꿨는데 이 달력은 훗날 16세기 교황 그레고리우스 13세가 그레고리력을 만들 때까지 율리우스력이라는 이름으로 유럽전역에서 사용되었다.

하지만 카이사르의 반대파 세력들이 카이사르가 언젠가는 공화정을 무너뜨리고 스스로 황제에 오를 것이라는 두려움 때문에 암살을 계획하게 되고 원로원 회의석상에서 카이사르를 암살하게 된다. 기원전 44년 3월 15일 해외원정을 앞두고 원로원으로 간 카이사르는 반대파 귀족들에 맞서 격렬히 저항했으나 반대파 귀족들 무리 가운데 카이사르가 정말 좋아하고 사랑했던 평생지기 여자친구의 아들이었던 브루투스가 있는 것을 보고 크게 실망하게 된다. 브루투스는 카이사르가 양자로 삼고 싶어 할 정도로 애정을 쏟아 부었는데 그마저도 카이사르의 반대편에 있는 것을 보고 카이사르는 "브루투스 너마저도…"

라는 말을 남기면서 저항을 포기하게 되고 이윽고 카이사르는 반대파들에 의해 원로원 건물 밖에서 원로원 의원 14명에게 23번이나 칼에 찔리며 암살당하게 된다.

포로로마노 안에는 돌로 만들어진 카이사르의 무덤이 있다. 하지만 그 무덤은 진짜 무덤은 아니다. 카이사르의 시신은 당초 팔라티노에 묻으려고 하였으나 사제들의 반대로 화장을 하였고 밤새도록 카이사르의 시신을 태운 불길이 거의 꺼져갈 무렵 세찬 비가 내려 재를 모두 쓸어가 빗물과 함께 하수구 구멍으로 들어가 버렸기 때문에 카이사르는 무덤이 없다.

카이사르 사망 이후 충실한 부하였던 안토니우스는 나이로 보나 경력으로 보나 카이사르의 후계자는 자신이라고 생각하였으나 카이사르의 유언장에서 지명된 후계자는 전혀 뜻밖의 인물이었던 옥타비아누스였고 카이사르의 유언장에 배신감을 느낀 안토니우스는 점점 궁지에 몰리자 일단 남프랑스 지방으로 피신해 레피두스와 합류하면서 기원전 43년 말에 옥타비아누스, 안토니우스, 레피두스는 국가건설 3인위원으로서 제 2차 삼두정치를 성립하게 되었다.

그러나 공화정보다는 황제가 다스리는 제정을 꿈꿨던 옥타비아누스와 안토니우스는 먼저 레피두스를 실각시키면서 2차 삼두정치를 끝낸 후 본격적으로 상대를 향해 적대감을 드러내며 대적하게 되었다. 카이사르의 양자였던 옥타비아누스는 카이사르가 사망 후 신격화되자 자신 역시 자연스레 신격화되었고, 2차 삼두정치 때 옥타비아누스는 로마와 서방지역을 맡았고 안토니우스는 이집트와 동방지역을 담당했는데 로마를 다스리고 있는 옥타비아누스는 자연스레 로마의 지도자라는 인식을 대외적으로 심어줄 수 있게 되었다. 반면 이집트의 여왕 클레오파트라와 사랑에 빠진 안토니우스는 자신의 부인이자 옥타비아누스의 누나인 옥타비아와 그 사이 자녀들까지 버리고 자신이 정복한 땅들을 클레오파트라와 안토니우스 사이에서 낳은 아들에게 넘겨주자 옥타비아누스는 안토니우스가 로마를 배신하였고 언젠가는 로마를 위태롭게 할 것이라고 맹렬하게 비난하였다. 결국 기원전 31년 악티움 해전에서 안토니우스와의 전투에서 승리한 옥타비아누스는 역사의 주인공이 되면서 스스로 황제에 오르게 되는데 그가 바로 로마의 초대 황제인 아우구스투스이다.

카이사르와 관련된 세계사 뒷이야기

해적에 붙잡힌 카이사르

원로원파로 권력을 장악했던 술라는 민중파를 말살시키기 위한 계획을 세우는데 그 때 민중파 지도자였던 킨나의 사위인 당시 18세의 카이사르 역시 제거대상에 포함되어 있었다. 술라는 카이사르와 코르넬리우스를 이혼시키려 하였으나 실패하자 카이사르의 사제직을 박탈시키고 재산을 몰수했으며 반대파로 처우했다. 궁지에 몰린 카이사르는 주변인들의 도움을 받아 근근이 생활하였고 군복무를 시작하면서 군인으로서의 삶을 살아가게 되었다. 군대 내에서도 부당이득을 취한 집정관을 고발하는 등 정의로운 생활을 했으나 권력의 힘으로 요리조리 법망을 피해가는 것을 본 카이사르는 낙담한 후 휴식을 취하고자 로도스로 여행을 떠난다. 그러다 파르마쿠사 섬에서 해적에게 붙잡혀 40일 동안이나 감금되었는데 해적들은 카이사르의 몸값으로 20달렌트를 요구하였다. 이 금액은 당시 4천 3백 명의 병사들의 1년 치 월급에 해당하는 엄청난 거액이었으나 카이사르는 껄껄 웃으며 오히려 몸값을 50달렌트로 올렸다. 그리고 "만약 내가 살아서 돌아간다면 너희 해적들 모두를 죽일 것이다." 라는 엄포까지 했다. 그 후 해적에서 풀려난 카이사르는 항구도시에서 해군들을 모아 다시 해적들을 쫓아가서 그들을 붙잡은 후 카이사르가 그들에게 했던 모두 십자가형에 처해 복수를 했다. 정말 대단한 인물임에는 틀림없다.

카이사르가 절대로 밝힐 수 없었던 고민 한가지

기원전 49년, 갈리아에 머물고 있던 카이사르는 로마에 머무르고 있던 정적 폼페이우스가 자신을 배신하고 원로원 귀족들과 함께 자신을 치려한다는 소식을 알게 되었다. 그는 항복할 것이냐 공격할 것이냐 두 가지 고민 중에서 과감히 공격을 선택. 선제공격을 취하기 위해 군대를 이끌고 루비콘 강을 건너게 되었다. 당시 이 강의 남쪽으로 군대를 몰고 가는 것은 법률로 금지되어 있었는데 카이사르는 어차피 일이 이렇게 된 이상 어쩔수 없다는 뜻의 "주사위는 던져졌다." 라는 말을 외치고 군대를 이끌고 로마로 가서 정적을 무찔렀다.

이렇게 정치가, 장군, 문장가로서 뛰어난 재능을 갖춘 카이사르지만 그에게도 말 못한 고민이 있었는데 바로 20대부터 진행된 탈모 증세였다.

그는 매일 아침 남아있는 뒷머리의 머리카락을 이마까지 늘어뜨리는데 적잖은 시간과 고민을 했다고 하니 영웅 카이사르도 자신만의 콤플렉스는 가지고 있었나보다.

가는 방법

지하철 B선 Colosseo 역에서 하차하면 바로 앞에 거대한 콜로세움이 보인다. 또는 포로로마노에서도 눈에 보이기 때문에 길을 따라 걸어가도 쉽게 찾을 수 있다. 포로로마노 티투스개선문을 통과하면 바로 앞에 콘스탄티누스 개선문과 콜로세움을 만나게 된다.

각 도시마다 그 도시하면 떠오르는 상징물이 있다. 예를 들어 파리에는 에펠탑, 런던에는 빅벤처럼… 로마 역시 로마를 생각했을 때 딱 떠오르는 건축물이 있는데 바로 콜로세움이다. 64년 로마에 큰 화재가 일어났다. 화재 때문에 타버린 도시 한 자리에 당시 황제였던 네로황제는 황금 궁전을 짓고 인조 연못이 있는 거대한 공원을 건설했다. 콜로세움은 바로 그 인조 연못이 있던 자리에 건설되었다. 콜로세움은 로마 건축물 중 최대의 걸작으로 손꼽히고 있으며 72년에 플라비우스 왕조인 베스파시아누스 황제 때 처음 착공하여 80년 그의 아들인 티투스 황제 때 완성되었다. 콜로세움이란 말은 이탈리아말로 거대하다는 뜻의 콜로살레(Colossale)에서 유래했고 원래 이름은 플라비우스 원형극장이다. 플라비우스 원형극장이라는 원래 명칭도 이들 황제의 성인 플라비우스(Flavius)에서 유래하였다. 또한 지금은 사라지고 없지만 예전 콜로세움 옆에는 거대한 네로황제의 동상인 콜로수스(Colossus)가 있었기 때문에 지금의 콜로세움이라는 이름이 전해지게 되었다는 이야기도 전해진다. 천장에는 베라리움이라는 천막을 설치하여 햇빛을 가리는 용도로 사용하였고 천막 가운데에는 둥근 구멍을 뚫어 채광과 환기구 역할을 하게 하였다.

이 경기장은 검투사들끼리 벌이는 '글라이아토르 격투'와 검투사와 맹수와의 대결인 '베네이선'이 주 행사였는데 당시 로마인들에게는 아주 큰 볼거리를 제공하던 곳이었다. 보통 베네이선은 오전 중에 열리게 되고 글라디아토르 격투는 오후에 벌어지는 것이 통례였다. 그 외 각종 공연들과 모의 해상훈련, 공개처형, 유명한 전투의 재현 등이 상영되었다. 콜로세움이 완공되고 나서는 축하행사로 약 100여 일 동안 검투축제를 시행했는데 이 기간에 무려 9천여마리의 맹수와 2천 여 명의 검투사들이 희생되었다. 콜로세움은 총 4층으로 되어 있으며 1층은 로열석, 2층은 기사계급, 3층은 서민, 4층은 천민과 노예들이 각각 신분에 맞게 위치해서 관람할 수 있게 되어있고 내부에는 약 5만~7만 명의 관람객을 수용할 수 있었다. 5만~7만 여 명의 관람객들이 번호가 새겨진 80개의 아치와 통로로 들어오고 빠져나가는데 시간이 약 15분 정도밖에 소요되지 않았으니 정말 체계적으로 설계한 점이 돋보인다. 맹수와 검투사가 있는 곳은 지하에 위치하고 있으며 수동 엘리베이터를 통해 이들을 지상으로 이동시켰다. 바닥에는 두꺼운 나무판자로 덮은 후 로마 근교에서 가져온 질 좋은 모래(아레나)를 뿌려서 검투사나 동물의 피가 빨리 스며들 수 있도록 하였다.

콜로세움 외부 기둥에는 1층부터 각각 도리아식, 이오니아식, 코린트식의 각기 다른 주두의 형태의 기둥이 있고 수많은 구멍과 건물 곳곳이 무너져 있는 모습이 보이는데 그 이유는 성 베드로 성당을 지을 때 필요한 자재들을 이 곳 콜로세움에서 가지고 갔기 때문이다. 콜로세움에서 검투시합이 끝나자 이곳은 마치 채석장처럼 많은 석재들과 청동들을 건물과 무기를 만드는데 쓰기 위해 반출해갔다. 성 베드로 성당을 짓기 위해 가지고 간 석재만도 1년에 짐수레 2천 대분이니 그 양이 어마어마하였다. 그렇게 몰지각한 사람들로 인해 살이 벗겨져나가는 고통 속에 신음하던 콜로세움은 1744년에 석재반출이 금지되면서 비로소 안정을 찾게 되었고 1749년 교황 베네딕토 14세가 이곳을 복원하여 오늘에 이르고 있다.

그렇다면 콜로세움을 건설한 이유는 무엇일까? 게다가 콜로세움의 입장료는 무료였다. 누구든지 시간만 있다면 언제든지 가서 관람하고 즐길 수 있도록 되어있는데 오로지 로마시민들의 복지를 위해서만 만든 것일까? 로마의 황제들은 이 때 무료로 먹거리인 빵과 볼거리인 유흥을 제공했는데 황제들이 대중들에게 무료로 빵과 유흥을 즐기도록 제공하면서 로마의 시민들이 정치에는 관심가지지 않고 황제와 귀족들의 뜻대로 나라를 좌지우지하는 통제된 평화를 위하여 로마 대중들에게 무료로 콜로세움의 즐거움을 제공했던 것이다. 일종의 우민화정책이라고 볼 수 있다. 그러나 콜로세움에서의 검투경기는 404년 호노리우스 황제 때 금지되었고 523년에는 맹수와의 결투가 금지되었으며 로마의 패망과 함께 콜로세오 역시 폐허로 변해가게 되었다.

거대한 콜로세움 옆에 익숙한 건축물이 있다. 바로 개선문이다. 우리는 보통 개선문 하면 파리에 있는 나폴레옹의 개선문을 떠오르곤 하지만 나폴레옹의 개선문의 모델이 된 문이 바로 지금 보이는 개선문인 콘스탄티누스 개선문이다. 당시 로마는 콘스탄티누스 황제와 막센티우스 황제가 공동으로 통치를 하고 있었는데 콘스탄티누스 황제가 312년 밀비안 다리 전투에서 막센티우스 황제를 물리친 것을 기념하기 위해서 3년 후인 315년에 세워진 것이다. 전설에 따르면 콘스탄티누스 황제는 밀비안 다리 전투가 일어나기 전날 밤 꿈속에 X(Chi)와

P(Pho) 글자를 보게 되고 병사들에게 이 두 글자를 포갠 문자를 방패에 새기게 하였다. 바로 X와 P는 '그리스도'를 상징하는 말로 희랍어로 그리스도를 표기할 때 가장 먼저 나오는 두 개의 글자이다. 그리스도의 힘으로 전투에서 승리한 콘스탄티누스는 이듬해인 313년에 밀라노에서 칙령을 발표하면서 기독교 신앙의 자유를 공인하게 된다. 이것이 유명한 콘스탄티누스 황제의 밀라노칙령이다.

이탈리아에서의 일정을 정리해보자.

이탈리아에서 가장 인상 깊었던 것은?

★ 수도 : 바티칸시티(Vatican city)

★ 면적 : 0.44㎢

★ 위치 : 이탈리아 로마

★ 인구 : 약 829명

★ 인종 : 이탈리아인이 대다수

★ 종교 : 로마가톨릭

★ 언어 : 이탈리아어

★ 시차 : 한국이 8시간 빠름(서머타임인 4월에서 10월까지는 7시간차)

★ 기후 : 지중해성 기후

★ 통화 : 유로(€)를 사용

　　　지폐는 €5, €10, €20, €50, €100, €200, €500, €1000

　　　동전은 종류별로 1c, 5c, 10c, 20c, 50c, €1, €2

　　　20(　)년 (　)월 기준 1유로 = (　　)원

★ 전기 : 우리나라와 같은 220V, 50Hz.

　　　일부 낙후된 건물에서는 아직도 125V를 사용하는 곳이 있으니 확인요망.

　　　우리나라 콘센트보다 작기 때문에 한국 가전제품은 유럽용 플러그를 이용

　　　하여 사용.

★ 전화 : 대부분 카드전용 전화. 같은 지역도 반드시 지역번호를 누른 후 사용.

　　　일반 전화카드에 비해 선불식 전화카드가 저렴.

　　　한국으로 콜렉트콜 번호 800-172-222 누른 후 한국어 안내방송에 따라 진행

★ 물가 : 유럽에서 그리 비싼 편이 아니지만 여행자가 느끼는 물가는 비쌈.

★ 국가원수 : 프란치스코(FRANCIS) 교황

　　　(제 266대 교황 2013년 3월 선출)

세상에서 가장 작은
도시국가
바티칸 시국

내가 만드는 나만의 유럽여행 자료집

유럽여행을 하면서 얻게 된 팸플릿, 지하철과 열차 티켓, 지하철 노선도, 입장권, 영수증 등을 붙여 설명과
날짜 등을 이곳에 적어 놓으면 나만의 소중한 유럽여행자료집이 됩니다.

바티칸 박물관

가는 길

지하철 A선 Ottaviano 역에서 하차한 후 ‘San Pietro’ 방향으로 나온 후 바로 왼쪽으로 난 길을 따라 약 5분정도 직진하면 높은 성벽이 보이는데 바로 바티칸시국의 성벽이다. 성벽을 보고 버스정류장이 있는 도로를 건너간 후 ‘Musei Vaticani’가 쓰여 있는 이정표를 따라 오른쪽으로 올라가면 바티칸박물관의 입구가 나온다. 입장하려고 기다리는 사람들이 많이 있으니 가급적이면 아침에 가는 것이 좋다.

　　바티칸은 세계에서 가장 작은 나라이다. 19세기 때 이탈리아가 통일하면서 교황청 직속 교황의 지위를 상실하게 되었으나 1929년 2월 11일에 교황청 국무장관 가스파리 추기경과 이탈리아의 수상 무솔리니가 로마의 라테라노 궁전에서 이탈리아 정부와 교황청의 상호관계 그리고 종교문제에 대해 협약을 체결했는데, 이 협약을 ‘라테란 협정’이라 부른다. 라테라노 조약으로 인해 바티칸시국은 드디어 주권을 인정받은 독립국가가 되었다. 세계에서 가장 작은 나라이지만 가톨릭의 수장인 교황이 다스리는 나라이니만큼 그 영향력은 세계에서 아주 막강하다. 바티칸시국에서 일반인에게 공개된 곳은 많지 않은데 그 중 많은 사람들이 찾는 곳이 바로 바티칸 박물관이다. 항상 긴 줄이 있어서 박물관 안으로 들어가려면 적지 않은 시간을 기다려야 하고 날씨가 뜨거운 여름철에는 기다리는 고통이 쉽지는 않지만 많은 사람들은 바티칸 박물관에 있는 작품들을 직접 눈으로 보기 위해 그 정도의 고생

은 즐거운 마음으로 감수하고 있다. 바티칸 박물관은 전체 24개의 미술관을 가득 채우고도 모자랄 정도로 엄청난 양의 소장품을 자랑하고 있어 세계 최대의 박물관 중 하나이자 유럽 3대 박물관 중 한 곳이다. 그래서 이런 이야기도 있다. 바티칸 박물관의 유물을 다 보는데 걸리는 시간은 약 1주일이다. 대신 작품 하나당 보는데 소요되는 시간을 4초 정도로 아주 짧게 책정해야 할 경우이다. 그 정도로 엄청난 유물과 작품이 전시된 곳이 바로 바티칸 박물관이다.

약 70여 년간의 '아비뇽 유수'를 마치고 1377년 로마로 돌아온 교황은 실추된 자신의 권위를 되찾기 위해서 산 피에트로 대성당과 함께 바티칸 궁을 건설하게 된다. 바티칸 박물관은 바티칸 궁전 내 건물들에 교황들의 소장품을 전시하면서 시작되었는데 그 시작은 교황 율리우스 2세가 개인 소장품을 전시하면서부터였다. 그 후 클레멘스 14세와 피우스 6세 때 적극적으로 박물관의 기초를 다졌고 이후 1820년대에 현재 모습의 박물관의 형태가 건설되었고 1900년대에 박물관이 정비된 후 1970년에 지금의 박물관의 모습을 갖추게 되었다. 그 후 2000년에 박물관 입구를 건설하여 오늘날에 이르게 되었다.

바티칸 박물관은 워낙 방대해서 동선을 잘 체크한 후 이동하는 것이 이상적이다. 추천 동선으로는 피냐 정원을 지나 벨베데레 궁전 뜰, 그리고 피오클레멘티노 전시관의 4개의 방을 지나 계단을 올라가면 촛대의 복도를 시작으로 아라찌의 복도 그리고 지도의 복도를 지나 라파엘로의 방들 중 서명의 방에서 아테네 학당을 감상한 후 드디어 바티칸 박물관의 하이라이트인 시스티나 성당에서 마무리하면 된다. 겉보기엔 간단해보여도 이정도만 걸어도 몇 시간을 족히 걸리니 미리 체력안배를 하면서 박물관을 관람해야 한다.

바티칸 박물관에서 볼 수 있는 주요 작품은 다음과 같다

☑ 피냐 정원

피냐 정원은 바티칸 박물관에서 매표를 하고난 후 에스컬레이터를 올라가면 가장 먼저 보이는 박물관 내 뜰이다. 이 정원 가운데 솔방울 모양의 분수가 있어서 솔방울 정원 또는 피냐 정원으로 불리는데 이탈리아말로 피냐가 솔방울을 뜻하기 때문이다. 4m나 되는 큰 솔방울 조각상은 원래는 판테온 부근에 있는 로마시대의 분수대 장식이었으나 중세에 성 베드로 성당으로 옮겨지고 1608년 지금의 자리로 옮겨지게 되었다. 정원 가운데에는 큰 지구본 모양의 조각이 있는데 가운데 또 다른 지구의 모습이 드러나 있다. 이것은 나중에 오염되고 황

폐화되어 멸망하게 될 지구를 형상화한 것으로 1960년 로마 올림픽을 기념해서 아르날도 포모도로가 제작한 것이다. 이 모양과 똑같은 모양의 조각이 미국 뉴욕에 있는 UN본부 입구에도 있다.

　이 곳 정원에는 시스티나 성당에 있는 미켈란젤로의 작품인 천지창조와 최후의 심판 판넬이 여러 개 있는데 시스티나 성당 안에서는 설명을 할 수 없고 정숙해야 하기 때문에 여행가이드들은 이곳에서 천지창조와 최후의 심판에 대해 설명을 한 후 이동한다.

　정원에서 솔방울 분수를 등지고 왼쪽으로 들어가면 벨베데레 궁전 뜰로 갈 수 있다. 벨베데레 궁전 뜰에는 아폴론, 라오콘, 페르세우스 같은 그리스 신화의 주인공들의 석상이 전시되어 있다.

☑ 라오콘 군상

　기원전 2세기경 제작된 작품으로 추정되며 1506년 1월 14일에 에스 퀼리노 언덕(지금의 산타마리아 마조레 성당이 있는 자리)에서 로마의 한 농부에 의해 발견되어 이곳으로 옮겨진 라오콘 군상… 라오콘은 그리스 신화 속 인물이다. 아폴로 신을 모시던 토로이의 신관이었던 라오콘은 10년 동안 계속된 그리스와의 전쟁에서 그리스의 오디세우스가 퇴각하는 척 하면서 나무로 커다란 목마를 만들어 그 안에 그리스의 병사들을 매복하게 하였다. 그리고 아테네 여신의 노여움을 달래기 위해서 만든 제물이라고 거짓 소문을 냈고 그 소문을 그대로 믿은 트로이의 시민들은 전쟁에서 이긴 전리품으로 그 목마를 성 안으로 옮기려고 하였다. 그러나 목마 안에 병사들이 매복해 있다는 사실을 알고 있는 라오콘은 그리스인들의 함정이니 절대 들여서는 안된다고 반대하였다.

그로 인해 내심 트로이의 패배를 원했던 신들의 노여움을 사게 된 라오콘은 그리스의 편이었던 바다의 신 포세이돈이 보낸 바다뱀에 의해 두 아들과 함께 죽음을 맞이하게 되었다. 결국 목마는 성 안으로 옮겨지게 되었고 밤이 깊어지자 목마에서 매복하던 그리스의 병사들이 밖으로 나와 트로이의 성문을 열고 기다리고 있던 그리스 병사들은 물밀 듯이 쳐들어오면서 트로이를 공격하였다. 목숨과 맞바꾼 라오콘의 절규와 바람과 달리 결국 신들의 바람대로 트로이는 패배하고 역사 속으로 사라지게 되었다. 라오콘 군상은 죽기 직전 처절했던 당시 모습을 표현해낸 것으로 고통에 신음하는 라오콘의 표정이 인상적이다. 또한 두 아들들에 비해 라오콘의 몸을 더 크게 강조하면서 더욱 더 고통의 모습을 극대화시켰다. 그리고 지금은 오른팔을 구부리고 있는데 예전에는 오른팔을 하늘 높이 뻗고 있었다. 발견당시 오른팔과 어깨가 발견되지 않아 복원을 할 때 팔을 뻗고 있는 모습이 더 자연스러울 거라는 생각에 팔을 하늘 높이 쭉 뻗고 있는 모습으로 복원하였으나 1900년대 초에 구부러진 오른팔이 발견되었고 1960년에 다시 복원작업을 하면서 원래의 모습을 찾게 되었다. 라오콘 군상 아래에는 예전에 라오콘의 팔이 펴져있을 때 모습의 사진이 작게 표시되어 있으니 잊지 말고 비교해보길 바란다.

벨베데레 뜰에서 라오콘 군상을 본 후 그 옆에 있는 문으로 들어가면 피오클레멘티노 전시관을 만나게 된다. 첫 번째 동물의 방을 지나 뮤즈의 방으로 가게 되면 미켈란젤로가 극찬했던 토르소를 만나게 된다.

☑ 토르소

바티칸 박물관에 있는 토르소는 기원전 1세기경 아테네의 조각가였던 아폴로니오의 작품으로 카라칼라 욕장에서 발견되었다. 사자가 죽위에 앉아있는 것으로 보아 헤라클래스의 몸으로 추정하기도 하고 아테네 여신의 계략으로 적군 대신 양떼를 몰살시킨 후 자책감과 수치심에 자살하기 직전 수많은 고민에 빠진 그리스의 영웅 아이아스의 몸이라고 추정하기도 한다. 이 작품은 훗날 로댕의 생각하는 사람의 모티브가 되기도 하였고 미켈란젤로의 많은 작품들 속에 나오는 몸의 모델이 되기도 하였다. 보통 머리와 팔다리가 없이 몸통만으로 조각된 조각상을 토르소라 부르는데 이런 작품을 토르소가 부르게 된 계기가 바로 이 조각상이다. 이 조각상으로 인해 새로운 미술용어인 토르소가 나오게 된 것이다. 미켈란젤로는 몸통만 남아있는 이 조각상에 팔과 다리를 붙여서 완성시켜달라는 의뢰를 받았으나 이 자체만으로도 완벽한 작품이라며 거절했던 일화는 유명하다.

토르소를 보고 직진하면 세 번째 방인 원형의 방으로 들어가게 되는데 가운데 있는 큰 붉은 조각 작품은 네로황제가 사용했던 욕조이다. 또는 물받침대 라고도 추정하기도 한다. 욕조 밑에는 모자이크가 있는데 이 모자이크는 움부리아주의 한 온천 바닥에서 뜯어온 것이다. 원형의 방을 지나면 마지막 방인 그리스 십자가의 방인데 이곳에는 콘스탄티누스 황제의 어머니와 딸의 관이 인상적이다. 관을 지나 계단으로 올라가면 시스티나 성당으로 가는 세 개의 복도가 나온다. 첫 번째 촛대의 복도를 지나갈 때 천장을 올려다보면 아름다운 조각이 눈에 들어오는데 사실은 조각이 아니다. 얼핏 보면 조각으로 보일 정도로 아주 정교한 그림이다. 그 다음은 아라찌의 복도이다. 아라찌는 벽걸이용 융단을 의미하는데 카펫에 그려진 벽화들이 인상적이다. 이 복도를 지나다가 왼쪽에 있는 그림을 보면 예수 그리스도가 무덤에서 나오는 그림이 있는데 예수의 눈을 마주치고 걸어가면 신기하게도 예수의 눈이 자신을 따라오는 것을 경험할 수 있다. 마지막으로 이탈리아의 지역별 옛 지도가 있는 지도의 복도를 지나서 길의 끝으로 온 후 직진해서 내려가면 바로 시스티나 성당을 갈 수 있고 왼쪽 방으로 들어가면 라파엘로의 방으로 갈 수 있다.

☑ 아테네 학당

　라파엘로의 방들 중 역대 교황들이 서명을 했던 장소인 서명의 방 벽에 그려진 이 작품은 교과서에 많이 나오는 작품 중 하나로서 이 작품이 무엇인지는 몰라도 대부분 한번이상은 본 경험이 있을 정도로 매우 유명한 작품이다. 르네상스 시대 때 유명한 화가였던 산치오 라파엘로가 1509년에 시작하여 1510년에 완성한 그림이다.

　작품 속에는 54명의 철학자, 수학자, 천문학자들이 포함되어 있다. 작품 속 중앙에는 붉은 옷을 입고 티마이오스라는 책을 옆구리에 끼고 손가락으로 하늘을 가리키며 이데아의 세계를 설명하려는 플라톤의 모습과 푸른색 옷을 입고 땅을 가리키며 보다 자연주의적이고 현실주의적인 사상인 윤리학을 논했던 아리스토텔레스의 모습이 보이다. 이 두 철학가를 작품 중앙에 배치하면서 라파엘로가 생각했던 고대 그리스 사상의 중심인물은 이 두 사람임을 나타내고 있다. 또한 플라톤과 아리스토텔레스 뒤로 아치형의 건물을 그려 넣으면서 자연스럽게 후광의 역할도 하게 하였다. 플라톤의 왼편으로 머리가 약간 벗겨진 사람이 다른 몇몇 사람들에게 열변을 토하고 있는데 그가 바로 소크라테스이다. 작품 정면 계단에 비스듬히 기대어 누워있는 사람은 디오게네스이고 작품 왼쪽구석에서 쭈그리고 앉아 책에 글씨를 적고 있는 사람은 피타고라스이다. 피타고라스 앞에서 한 손을 얼굴에 괸 채 종이에 무엇인가를 적고 있는 사람은 헤라클레이토스이다. 작품 오른쪽에 허리를 굽히고 컴퍼스를 돌리고 있는 사람은 유클리드이고 그 뒤에 등을 보이고 손에 지구본을 들고 있는 사람이 조로아스터이다. 조로아스터 맞은편에 변이 반짝이고 있는 친구를 들고 있는 사람은 프톨레마이오스이고 그 옆에 검은 모자를 쓴 젊은 사람은 라파엘로 자신

의 모습이다. 라파엘로
의 상상 속에서 그려진
이 작품은 50명이 넘는
인물들이 등장하지만
결코 산만한 느낌이 들
지 않는다. 그 이유는
원근법적 원리에 의해

가운데 플라톤과 아리스토텔레스에게 시선이 집중시켰고 등장인물들
을 몇 개의 집단으로 구분지어서 그 안에서 웅장함과 조화로움을 강
조하였다. 그래서 이 작품을 바티칸 박물관의 대표적인 작품 중 하나
이며 라파엘로의 최고의 대표작이라고 부른다.

☑ 천지창조

많은 사람들이 찾는 바티칸 박물관은 정말 엄청난 관람객들이 이
곳을 거쳐 갔고 앞으로도 엄청난 관람객들이 이 박물관을 찾을 것이
다. 그런데 그들의 공통점은 모두 르네상스가 낳은 엄청난 천재인 미켈
란젤로의 작품을 만나기 위해서이다. 바티칸 박물관 관람의 마지막을
장식하는 이 작품은 시스티나 성당 천장에 그려진 천장화이다. 시스티
나 성당은 교황을 선출하는 중요한 행사인 콘클라베를 진행하는 아주
중요한 장소이다.

천지창조는 당시 교황이었던 율리우스 2세의 명으로 그린 작품인데
당초 율리우스 2세는 브라만테에게 이 작업을 의뢰했었는데 브라만테
는 자신보다 더 잘할 수 있는 사람을 추천하겠다고 하였다. 브라만테

는 라파엘로를 끔찍이 아꼈기 때문에 당연히 라파엘로를 추천할 것이라고 생각했지만 예상과 달리 브라만테는 미켈란젤로를 추천했다. 브라만테는 자신과 사이가 좋지 않았던 미켈란젤로를 왜 추천하였을까? 게다가 미켈란젤로는 그림을 별로 그려본 적도 없었던 사람이었다. 브라만테는 뛰어난 조각 실력을 자랑하지만 교만해 보이는 미켈란젤로의 코를 납작하게 만들어주기 위해서 추천을 한 것이다. 제 아무리 실력이 뛰어나다고 하는 미켈란젤로라 할지라도 길이가 40미터가 넘고 너비만도 약 13미터가 되는 엄청난 천장에 그림을 그린다는 것은 불가능하다고 생각했기 때문이다. 교황의 명을 받고 온 미켈란젤로는 그저 황당할 따름이었다. 미켈란젤로는 여러 핑계를 대며 작업을 하지 않으려고 했으나 브라만테의 추천을 굳게 믿고 있는 교황의 생각은 변하지 않았다. 때마침 급하게 돈이 필요했던 미켈란젤로는 어쩔 수 없이 승낙을 하게 되는데 대신 몇 가지 조건을 내세웠다. 첫째, 그림의 주제를 미켈란젤로가 정한다.(교황은 예수 그리스도의 열두제자를 그리기를 원했으나 미켈란젤로는 창세기에 나오는 천지창조를 주제로 그림을 그렸다.) 둘째, 그림이 완성되기 전까지 절대 그림을 보지 말아야 한다. 셋째, 월급은 밀리지 말고 꼬박꼬박 지급하여야 한다. 교황은 이 조건을 수락하였고 미켈란젤로는 본격적으로 그림을 그릴 준비를 하는데 문제는 이런 그림을 그려본 경험이 없던 미켈란젤로는 주변 사람들에게 프레스코 기법을 배우기 시작한다. 그렇게 프레스코 기법을 배운 후 몇몇 사람들과 함께 작업을 시작했으나 그들의 실력이 마음에 안 든 미켈란젤로는 결국 모두 돌려보내고 그 큰 작업을 혼자 하기 시작했다. 혼자서 사다리를 만들고 천장에 작업용 다리를 만들어서 작업을 하는 중간에 문제가 생겼다. 교황이 약속을 어기고 그림을 보려고 한 것이다. 미켈란젤로는 처음 조건을 이야기하면서 절대 보여줄 수 없다고 고집을 부렸고 감히 교황에게 이렇게까지 대드는 미켈란젤로가 괘씸한 교황은 들고 있던 지팡이로 미켈란젤로를 때리게 되었다. 보통 이런 상황이라면 '아! 내가 잘못했구나.'라고 생각하고 싹싹 빌 텐데 한 성격 하는 미켈란젤로는 그날로 짐을 싸서 고향인 피렌체로 돌아가 버렸다. 교황 역시 화가 났기 때문에 도대체 얼마나 대단한 그림을 그리는 것이기에 저렇게까지 예민하게 구는지 보기 위해서 성당으로 와서 그림을 보게 되는데… 그림 속 주인공들이 마치 살아있는 듯하고, 화려하면서도 웅장한 그리고 너무나도 조화롭고 명료한 구성에 교황은 그만 넋을 잃고 미켈란젤로를 다시 불러오라고 명령하게 되었다. 교황은 미켈란젤로를 달래기 위해 여러 방법을 썼으나 미켈란젤로는 요지부동이었다. 이렇게 해도 안 되고 저렇게 해도 안되자 교황은 결국 피렌체공국의 사제들에게 "너희들이 미켈란젤로를 설득시켜라. 안 그러면 내가 너희 피렌체공국을 가만두지 않겠다."라고 엄포를 놓았고 교황의 협박 아닌 협박을 받은 피렌체공국의 사제들은 너나할 것 없이 미켈란젤로에게 가서 제발 다시 돌아가서 그림을 그려줄 것을 부탁하였다. 그들의 끈질긴 사과와 부탁에 미켈란젤로는 못 이기는 척 하고 돌아와(물론 많은 금화를 받고 돌아왔다) 그림을 다시 그리기 시작하였다. 1508년 5월 10일에 시작된 이 작업은 4년 6개월이 지난 1512년 11월 1일에 완성된 천장화가 공개되었는데 그 날 모두가 탄성을 금하지 못하였다.

엄청난 스케일의 이 그림이 일단 보는 사람을 압도하였고 프레스코 기법의 특징대로 그림의 색이 매우 선명하였으며 그림 속 인물들의 모습이 매우 역동적이었다. 미켈란젤로의 천재성을 다시 한 번 확인시켜 준 작품이었다. 그림은 크게 아홉 개의 장면으로 구분되어 있고(1. 어둠과 빛을 나눔 2. 해와 달의 창조 3. 땅과 물을 만드시는 하나님 4. 아담을 창조 5. 잠들어 있는 아담의 갈비뼈에서 이브를 창조 6. 뱀의 유혹에 넘어가 선악과를 따먹고 에덴동산에서 쫓겨나는 아담과 이브 7. 대홍수에서 살아남은 노아가 하나님께 드리는 제 8. 큰 비를 내려 세상을 벌하시는 하나님, 노아의 방주 9. 술에 취한 노아와 농사를 지으면서 포도를 경작) 하지만 미켈란젤로는 우리가 보는 것과는 반대로 9번째 그림부터 그려나갔다. 그리고 아홉 개의 주요 장면 주변에는 선지자들과 무녀들을 그려 넣었고 그림에 있는 삼각형의 틀 안에는 예수그리스도의 조상들의 모습을 그려 넣었다.

이 작품으로 인해 미켈란젤로는 많은 부와 명예를 얻게 되었지만 천장 아래 좁은 공간에서 누워서 떨어지는 물감을 맞으며 그림을 그리다보니 척추가 휘고 하늘만 바라보다보니 눈의 초점이 흐려지게 되고 물감을 맞다보니 시력 역시 안 좋아졌으며 목디스크와 관절염 그리고 온몸에는 물감으로 인한 두드러기에 시달리게 되었다. 우리는 시스티나 성당 안에서 그림을 보기 위해 잠시만 고개를 들고 있어도 목이 아픈데 그 오랜 시간동안 극한의 육체적인 고통을 이겨내고 그림을 그려낸 미켈란젤로의 초인적인 능력에 다시 한 번 경의를 표한다. 미켈란젤로는 천지창조를 그릴 때 아버지에게 편지를 보내는데 그 편지에 "아버지 이 일은 제가 혼자 하기에는 너무나도 벅찹니다. 저는 제 자신을 비참한 야만인 같은 상태로 몰아가고 있습니다."라는 내용이 나오는 것으로 봐도 당시 이 작업을 하는 미켈란젤로는 정신적으로나 육체적으로나 큰 고통 속에서 작업을 완수했다는 것을 알 수 있다. 예전에 한 외국 다큐멘터리 프로그램에서 미켈란젤로의 천장화를 재연해보기 위해서 화가 두 명에게 시스티나 성당보다 훨씬 작고 낮은 천장에 천장화를 그리는 시도를 했는데 며칠 지나지 않아 한 화가는 잠적해버렸고 다른 화가는 붓을 내던졌다고 한다. 천장화 재연하기에 실패한 이 두 화가는 시스티난 성당에 다시 한 번 들어갔는데 그 천장에 있는 천지창조를 보고 둘 다 무릎을 꿇고 눈물을 흘렸다고 한다. 얼마나 힘들고 고통스러운 작업인지 스스로 경험해봤기 때문에 나오는 경외감일 것이다. 아직도 미켈란젤로의 이 작품을 보기 위해서 많은 사람들이 비싼 입장료를 내고 박물관에 오고 있는 것을 보니 돌아가신지 수백년이 지났지만 아직도 미켈란젤로가 바티칸 박물관을 먹여 살린다 해도 과언은 아니다. 정말 인생은 짧고 예술은 긴 것 같다.

☑ 최후의 심판

시스티나 소성당이 그려진 후 20여년이 지나 미켈란젤로는 1533년 중순 당시의 교황 클레멘스 7세로부터 로마로 돌아와서 시스티나 성당의 제단 위 벽에 최후의 심판을 그리라는 명을 받게 된다. 클레멘스 7세는 1527년에 독일의 용병이었던 란지케네키가 로마를 침공하였고 종교개혁으로 인해 교황 스스로 상당한 위험을 느끼고 있었기 때문에 언젠가는 최후의 날이 올 것이라는 경고성 메시지를 담고자 하는 의도로 그림을 부탁했을 것이라 생각된다. 그래서 그런지 당시의 시대상황이 그림에 스며들어 전반적으로 작품 속 인물들은 격동적이고 긴장감이 살아있는 모습을 취하고 있다. 이 작업은 클레멘스 7세가 사망하자 잠시 주춤하였으나 그 다음 교황인 바오로 3세가 다시 의뢰하면서 본격적으로 작업이 시작되었고 드디어 7년간의 작업을 마치고 세상에 공개된 최후의 심판은 해부학에 능통한 미켈란젤로답게 각각의 자세에서 움직이는 근육의 모양까지 정확하게 묘사해내면서 인간이 취할 수 있는 모든 포즈를 한 391명의 인물의 모습이 세상에 공개되었다.

미켈란젤로는 이 작품을 그리면서 원근법을 이용하지 않고도 인물들을 바르게 보이게 하고 벽면에 먼지가 보다 덜 쌓이게 하기 위해 제단 뒤 벽면 상단에 벽돌을 쌓아 약간 앞으로 기울어지는 듯한 효과를 주었다.

우선 미켈란젤로가 그린 최후의 심판에 그려져 있는 내용을 전반적으로 살펴보면 미켈란젤로의 상상력과 성서의 일화 그리고 유명한 단테의 신곡내용을 바탕으로 작품이 완성된 것으로 추정된다. 즉 단테의 신곡을 바탕으로 하여 천국과 연옥 지옥을 표현하고 있다. 이 작품은 크게 천상계, 튜바 부는 천사들, 죽은 자들의 부활, 승천하는 자들, 지옥으로 끌려가는 무리들의 5개 부분으로 나눈다.

중앙에 있는 예수 그리스도는 그전까지 그려졌던 온화하고 따뜻한 이미지와는 달리 탄탄한 몸매를 자랑하고 있고 오른손을 들어 세상에 심판을 하려고 하는 모습이 그려지고 있다. 예수의 얼굴의 모델은 바티칸 박물관 벨베데레 뜰 안에 있는 아폴론의 얼굴이 그 모델이 되었고 몸은 토르소가 모델이 되었다. 예수의 옆에는 성모 마리아가 앉아

약간은 겁먹은 표정으로 아래 있는 인류를 내려다보고 있고 예수와 마리아 주위를 성자들이 거의 원형으로 둘러싸듯 서 있다. 여기는 천사와 예수와 함께 하늘로 올라가는 성자들의 공간이다. 그림 상단에는 예수 그리스도의 수난을 표현하고 있는데 왼쪽의 십자가는 예수가 못 박힌 십자가이고 오른쪽 기둥은 예수가 태형을 당할 때 묶였던 기둥이다. 다시 중앙으로 내려와 예수 그리스도의 오른쪽을 보면 두 개의 금으로 된 열쇠와 은으로 된 열쇠를 들고 있는 사람이 서 있는데 바로 성 베드로이다. 성 베드로의 얼굴 모델은 이 작품을 의뢰한 교황 바오로 3세의 얼굴을 모델로 그렸다. 베드로 아래 머리가 벗겨진 한 사람이 자신의 살가죽을 들고 앉아있는데 그가 살가죽이 벗겨지는 형벌을 받아 순교한 성 바르톨로메오이다. 그가 들고 있는 살가죽의 얼굴은 미켈란젤로 자신의 자화상을 그려 넣은 것이다. 그 표정을 봤을 때 미켈란젤로는 결코 최후의 심판을 그리는 작업이 유쾌하지만은 않았을 것이라는 것이라고 추측할 수 있다. 바르톨로메오 왼편에는 석쇠 위에서 순교한 성 로렌스가 석쇠를 들고 있다.

그 아래에는 튜바를 불고 있는 천사들이 있는데 우리가 알고 있는 천사와 달리 날개가 없다. 바로 인간이 중심인 인본주의를 추구하는 르네상스시대 회화의 특징이다. 인간이 중심이 되어 신도 인간과 같은 모습을 그려내고 있는 것이다. 튜바를 불고 있는 천사들을 자세히 살펴보면 금방이라도 눈이 튀어나올 것처럼 온 힘을 다해 불고 있다. 마치 이제 세상의 종말이 왔으니 빨리 깨어나라고 애원하는 것처럼… 그리고 천사 중에는 책을 들고 있는 천사도 있는데 왼쪽의 작은 책을 들고 있는 천사는 천국으로 가는 사람을 오른쪽에 큰 책을 들고 있는 사람은 지옥으로 갈 사람을 호명하고 찾는다. 아마도 천국으로 가는 일이 지옥으로 가는 것보다 훨씬 어렵다는 것을 암시하고 있는 것 같다.

작품 왼쪽 아래에는 많은 사람들이 천사와 함께 승천하고 있는데 이미 죽어서 무덤에서 부활하는 사람들도 있고 산채로 구원을 받는 사람들도 있다. 특히 신분이 높아 보이지 않는 피부가 검은 사람들도 같이 구원을 받는데 예수 그리스도를 믿으면 지위고하를 막론하고 누구든지 구원받을 수 있다는 것을 표현하고 있다. 오른쪽에는 지옥으로 가는 배가 있고 스틱스 강의 나루기지 카론이 배를 젓는 노를 이용해서 지옥으로 갈 사람들을 배에서 떨어뜨리기 위해 위협하고 있다. 오른쪽 맨 끝에 뱀이 온 몸을 감으면서 입으로는 그 남자의 성기를 깨물고 있는 사람이 있는데 그가 바로 바로 지옥의 신 미노스이다. 그런데 이 미노스의 얼굴이 누구냐 하면 미켈란젤로의 최후의 심판이 나체라는 이유로 신들의 공중목욕탕 같다고 하면서 음란하다고 비난한 교황의 의전담당관 체세나 추기경이다. 성직자가 지옥의 신의 얼굴을 하고 있는 것이다. 깜짝 놀란 체세나 추기경은 교황에게 자신의 얼굴을 지우게 해달라고 요청하였으나 교황은 연옥이라면 몰라도 지옥에 빠진 추기경은 자신도 구할 수 없다고 대답하면서 거절하자 미켈란젤로에게 직접 찾아가서 부탁했으나 미켈란젤로가 "저는 더 끔찍한 모습으로 지옥 불에 떨어지기 직전의 모습을 하고 있는 것이 보이지 않습니까?"라고 하면서 거절했다는 일화도 전해져 내려오고 있다.

결국 체세나 추기경은 말 한마디 잘못했다가 수백 년이 지난 지금까지도 지옥의 신인 미노스의 얼굴 주인공이라는 치욕을 겪고 있는 것이다.

　1541년 10월 31일, '성직자의 밤'에서 이 작품이 처음 공개되었을 때전 로마 시민은 경악을 금치 못했다. 왜냐하면 두 가지 이유가 있는데하나는 지옥으로 가는 배를 모는 카론이 사람들을 때리려고 들고 있는 노가 제대 앞에 있는데 이곳에서 교황님이 미사를 드리게 되면 마치 카론이 교황님의 머리를 내려치는 것처럼 보였기 때문이다. 그리고사람들이 경악한 또 하나의 이유는 작품 속에 등장하는 391명이 모두나체였기 때문이다. 르네상스는 인간 본연의 모습을 중요시하기 때문에 나체로 된 그림이나 조각이 많이 있기는 하지만 이 작품 속에는 많은 성자들과 성녀들도 있는데 그들 역시 모두 나체로 만들어버리자 기독교의 성당 안에서는 비속한 모습을 보일 수 없다는 사고를 가진 많은 사람들이 반발하기 시작하였다. 물론 그림을 부탁했던 교황 바오로 3세의 높은 지지도와 미켈란젤로의 큰 명성 때문에 바로 작품에 수정작업을 하지는 못했지만 비난의 목소리는 계속 커졌다. 그러다 최후의 심판이 완성되고 23년이 지난 1564년 1월에 트리엔트 공의회에서"비속한 부분은 모두 가려져야 한다."는 칙령이 반포되어 작품 속 나체부분에 가리개를 덧칠하기로 결정하였다. 미켈란젤로가 사망하기 1달전에 결정된 이 덧칠작업은 미켈란젤로의 제자였던 '다니엘라 다 볼테라'라는 화가가 작업했는데 이 작업 때문에 볼테라는 기저귀 입히는사나이 또는 기저귀 화가라고 놀림을 당하게 되었다.

　시스티나 성당으로 들어오면 바로 옆에 제대가 있고 그 뒤에 바로최후의 심판이 있다. 이곳에서는 사진 찍는 것과 떠드는 것이 금지되어 있으며 수시로 관리인들이 조용히 하고 사진 찍지 말라고 계속 경고를 하고 있다. 일단 시스티나 성당의 끝으로 온 후 다시 뒤로 돌아서 천장에 있는 천지창조와 정면에 보이는 최후의 심판을 감상해보자. 한 사람의 천재가 만들어낸 걸작으로 인해 온몸 구석구석에 전율이 오는 것을 느끼게 될 것이다. 성당 맨 뒤에서 감상을 마치고 최후의 심판을 바라보고 오른쪽에 열려있는 문이 있는데 이 문으로 나가면 바티칸 박물관 출구로 나가게 된다. 바티칸 박물관 출구는 입구 오른편에 위치해 있는데 출구 위에는 교황을 상징하는 삼중관이 가운데 있고 그 옆에 두 사람의 얼굴이 좌우에 조각되어 있는데 그들이 바로 르네상스의 대표적인 화가인 미켈란젤로와 라파엘로이다. 그리고 왼편에 닫혀있는 문이 있는데 이 문으로 나가면 바로 성 베드로 성당으로 연결된다. 바티칸 박물관 출구로 나가면 다시 성벽을 따라 내려간 후 성 베드로 광장을 지나 보안검색대를 거쳐서 성당으로 들어가야 하지만 이 문으로 나가면 그러한 절차가 생략된 채 바로 성 베드로 성당 앞으로 가게 된다. 단, 이 문은 단체 여행객들만 가능하다. 그렇기 때문에 한두 명이 인솔자 없이 이 문으로 들어가면 중간 중간에 있는 경비원들에게 걸려 다시 되돌아와야 한다. 만약 여러 명이 한꺼번에 이곳으로 여행을 왔다면 한명이 가이드인 척 하고 이 문을 통과해서 가는 것도 한 방법이 될 수 있으나 걸릴 가능성이 있으니 철저한 연기력이 필요한 대목이다. 만약 이 문으로 나가는데 성공했다면 여행에서 가장 중요한 시간을 엄청나게 단축할 수 있다.

얻어맞아 납작해진 미켈란젤로의 코

이탈리아 르네상스 시대의 천재적인 조각가 미켈란젤로(1475-1564)는 코가 매우 납작했다. 당대의 역사가들도 그의 코가 툭 튀어나온 이마 아래 납작하게 붙어 있었다고 기록하고 있다.

그의 코가 납작하게 된 것은, 소년시절에 그가 시건방진 소리를 하다 친구 예술가인 피에트로 트리지아노에게 얻어맞았기 때문이라고 한다.

트리지아노가 주먹으로 미켈란젤로의 얼굴에 일격을 가했는데, 그것이 코에 명중하여 코뼈가 부러진 것이다. 그 후 트리지아노는 그의 일기에서 능청스럽게도 이렇게 하여 미켈란젤로는 내가 남긴 기념비적인 흔적을 몸에 지닌 채로 일생을 보냈다고 기록하고 있다.

성 베드로 대성당 및 광장

가는 길

지하철 A선 Ottaviano 역에서 하차한 후 'San Pietro' 방향으로 나온 후 바로 왼쪽으로 난 길을 따라 약 5분정도 직진하면 높은 성벽이 보이는데 바로 바티칸시국의 성벽이다. 성벽을 보고 버스정류장이 있는 도로를 건너간 후 큰길 따라 1~2분정도 직진하면 성 베드로 광장이 나온다. 성 베드로 광장에서 보안검색을 마친 후 안으로 들어가면 성 베드로 성당으로 들어갈 수 있다. 단, 성당에서는 반바지와 민소매로 입장하는 것을 금지하니 복장에 유의해야한다.

세계에서 가장 큰 성당인 성 베드로 대성당은 예수 그리스도의 열두 제자 중 첫 번째 제자인 성 베드로의 무덤 위에 세워졌다. 64년경 극심한 기독교 박해로 인해 베드로 역시 순교를 당하게 되는데 십자가에 못이 박히는 처형을 받게 되자 베드로는 예수 그리스도와 똑같이 십자가에 매달릴 수 없다며 십자가를 아래로 돌려 머리가 아래로 오도록 요청하였다고 한다. 처형 후 베드로의 시신은 로마의 병사가 발목을 잘라서 내렸다. 베드로는 순교 후에도 그의 시신마저도 당시의 박해를 피해야만 했는데 그렇게 기독교인들 사이에서 암암리에 전해져오는 베드로의 무덤은 훗날 베드로의 무덤이라는 문구와 발목 없는 시신이 발견되면서 무덤의 위치를 알게 되었다.

성 베드로 대성당은 처음에는 조그마한 누각형태의 건물이었으나 콘스탄티누스 황제에 의해 다시 건설되어 1153년 동안 바실리카식 성당의 모습을 유지했었고 1626년에 지금의 성당의 모습이 갖춰지게 되

었다. 성당으로 들어가는 문은 총 5개가 있는데 성당을 바라보고 가
장 왼쪽에 있는 문은 죽음의 문으로서 성당에서 장례미사를 할 때 고
인의 관은 이 문을 통해서 밖으로 나가게 된다. 왼쪽에서 두 번째에
있는 문은 선악의 문이다. 그래서 이 문의 오른쪽에는 선을 상징하는
부조가 왼쪽에는 악을 상징하는 부조가 새겨져 있다. 가운데에 있는
중앙의 문은 1455년에 청동으로 제작되어 예수그리스도와 성모마리
아 그리고 왼손에 성서를 들고 있는 베드로와 오른손에 칼을 들고 있
는 바울의 모습이 새겨져있다. 왼쪽에서 네 번째 문은 성사의 문으로
서 보통 이 문을 통해 성 베드로 대성당으로 들어가게 된다. 이 문은
1950년 정기 성년식 선포를 기념하기 위해 제작된 문이다. 이제 가장
오른쪽에 있는 문을 보자. 항상 닫혀있는 이 문은 바로 성스러운 문이
다. 1950년에 제작되었으며 50년마다 한번씩 오는 성년(聖年)에 교황만

이 열고 닫을 수 있는 문인데 스위스의 신자들이 정기 성년식을 기념하면서 이곳에 기증한 것이다. 이 문을 통과해서 들어가면 그 동안 지은 죄가 모두 사라진다고 믿어, 2000년에 이 문이 열렸을 때 이곳을 찾아온 관람객이 자그마치 9천만 명 이상이나 되었다. 하지만 50년마다 열리는 것은 너무 길다고 하여 절반인 25년으로 줄였고 이제 2025년에 이 성문이 다시 열리게 되니 그 해만큼은 꼭 한번씩 찾아가보길 바란다.

이제 문을 통해 안으로 들어가면 엄청나게 크고 웅장한 실내가 보이는데 가장 먼저 입구 오른쪽에 방탄유리 안에 보호받고 있는 한 조각상을 살펴보자. 이 조각상의 이름은 피에타(Pieta)라고 불리는데 우리말로 표현하면 비통, 비탄을 뜻한다. 이 작품은 르네상스시대의 천재 미켈란젤로가 24살 때 조각한 것이다. 십자가에서 숨을 거두고 축 늘어져 있는 예수 그리스도의 시신을 마리아가 끌어안고 슬퍼하고 있는 모습을 표현했는데 축 늘어진 예수의 몸이라든지 예수를 바라보는 마리아의 시선 그리고 마리아의 구겨진 옷자락 등 조각 구석구석에 도저히 눈으로 보고도 조각이라고 믿지 못할 정도로 정교한 손길이 그대로 살아있다. 당시 이 작품이 처음 발표되었을 때 사람들은 이렇게 정교한 작품을 아직 24살

밖에 안된 어린 미켈란젤로가 만들었으리라고 생각하지 않았고 또 믿으려고 하지도 않았다. 그러자 미켈란젤로는 이곳에 자신의 이름을 새겨 넣는데 마리아의 옷에 두르고 있는 어깨띠에 피렌체 사람 미켈란젤로가 만들었다는 자신의 이름을 새겨 넣었다. 미켈란젤로가 자신의 작품에 이름을 새겨 넣은 유일한 작품이다.

그런데 이 작품이 왜 방탄유리 속에서 보호받고 있을까? 이유는 다음과 같다. 예전에 조각을 공부하던 벨기에의 한 예술가가 자신은 아무리 노력을 해도 미켈란젤로가 만든 것 같은 작품이 나오지 않자 홧김에 피에타를 습격해 망치로 성모 마리아의 코를 깨트려 버린 것이다. 그래서 그 후부터는 성 베드로 성당 안에서 유일하게 방탄유리로 보호받고 있는 작품인 것이다.

피에타를 보고 다시 중앙으로 나와서 앞으로 걸어 가다보면 바닥에 숫자와 글씨가 쓰여 있는 것을 볼 수 있는데 세계 각 나라에서 가장 큰 성당의 이름과 그 성당의 크기가 성 베드로 대성당 끝에서 이 정도까지다 라고 거리를 적어놓은 것이다. 성 베드로 성당은 너희들이 자랑하는 너희들의 성당보다 훨씬 크다는 것을 알려주고 있다. 조금은 거만한 느낌이 드는 것도 사실이다.

조금 더 직진하면 사람들이 어떤 동상 앞에서 줄을 서 있는 광경을 볼 수 있을 것이다. 누군가가 앉아있는 모습을 한 동상인데 손을 보니 왼손으로는 두 개의 열쇠를 쥐고 오른손으로는 축복을 내리고 있는 모습이 보인다. 열쇠를 손에 들고 있는 사람. 바로 성 베드로의 동상이다. 그런데 사람들이 이곳에 왜 줄을 서 있느냐 하면 바로 성 베드로 동상의 발을 만지기 위해서이다. 1857년 교황 비오 7세가 성 베드로 동상의 발을 만지고 그 발에 입을 맞추면 자신의 남은 죄를 감면해준 다고 하였기 때문에 많은 사람들이 지금도 베드로의 발을 만지기 위 해 줄을 서서 기다리고 있다. 매년 6월 29일은 베드로의 축일인데 이 날이 되면 이 동상에 화려한 망토를 씌우고 머리에는 교황의 삼중관 을 손가락에는 교황의 반지를 끼워준다.

성 베드로 성당 옆에 청동으로 만든 큰 발다키노가 보이는데 발다 키노란 제단이나 무덤위에 4개의 기둥으로 만든 덮개로서 우리나라에 서는 닫집이나 천개로 부르고 있다. 이 발다키노 아래의 제대는 교황 이 미사를 집전하는 곳이고 그 아래에는 베드로의 무덤이 자리 잡고 있다.

발다키노는 1627년 교황 우르바노 8세의 명을 받아 당시 최고의 건 축가였던 베르니니가 제작한 것이다. 그런데 이 발다키노를 제작하기

위해서는 많은 청동이 필요했다. 그래서 이탈리아 각지에서 청동을 구해왔으나 여전히 부족하였고 결국 부족한 청동은 만신전인 로마 판테온의 천장을 장식하던 청동을 떼어 와서 제작하게 되었다. 그래서 당시 사람들은 "야만인도 하지 않는 행동을 베르니니가 했다."며 많은 비난을 퍼부었다.

발다키노를 중심으로 네 군데에 큰 동상들이 서 있는데 이 네 사람은 가톨릭의 성인을 상징하고 있다. 첫 번째 십자가를 들고 있는 여인은 바로 콘스탄티누스 황제의 어머니이신 성 헬레나이다. 이 분은 예수 그리스도의 십자가 조각과 십자가에 박힌 못을 발견하신 분이다. 헬레나 왼편에 큰 천을 들고 있는 여인은 성 베로니카이다. 이 분은 예수 그리스도가 십자가를 지고 갈 때 그의 얼굴에 난 땀을 닦아주신 분이다. 그래서 예수의 땀을 닦았던 베일을 손에 들고 있다. 베로니카 옆에 X자형 모양의 십자가를 들고 있는 사람은 성 안드레아이다. 성 베드로의 친동생으로서 그리스에서 선교하던 중 십자가에 박혀 순교하셨다. 그리스의 십자가는 정십자가 형태였기 때문에 안드레아가 들고 있는 십자가도 X자형 모습의 정십자가의 모습이다.

안드레아 옆에 긴 창을 들고 있는 사람은 성 롱기누스이다. 이 사람은 로마의 병사로서 예수 그리스도가 십자가에서 숨을 거두었는지를 확인하기 위해 옆구리를 창으로 찌른 사람이다. 처음에는 예수의 옆구리를 찔렀으나 나중에는 회개하고 성인이 된 사람이다. 이들 네 분의 성인상 위에는 창문이 있는데 그 창문 안에는 각각의 성물들이 보관되어 있다.

발다키노 뒤에 공중에 달려있는 화려한 의자가 있는데 바로 성 베드로의 성좌라고 불리는 의자이다. 성 베드로가 로마에서 선교활동을 할 때 앉았던 나무의자의 조각들을 모아서 의자를 만들었고 그 위에 흰 상아로 장식한 후 17세기 때 청동 121톤으로 장식해서 지금까지 내려오고 있다는 이야기가 전해져 내려오고 있지만 확실한 증거는 없다.

성 베드로 성당은 모든 것이 다 크다. 너무 큰 것들만 있다 보니 크기에 대한 감각이 사라져버린다. 마치 고속도로에서 속도감이 무뎌지듯이 성당 안에서는 크기에 대한 감각이 무디어져 버린다. 성당 내 웬만한 동상들은 높이가 보통 3m이다. 발다키노 주변에 있는 성인상의 높이는 무려 6m이다. 하지만 전혀 크게 보이지 않는 이유는 주변이 다 크기 때문이다. 성 베드로의 성좌 뒤 창문처럼 보이는 타원형 안에 있는 성령을 상징하는 비둘기를 한번 보자. 조그마한 비둘기처럼 보이지만 날개 하나의 길이가 1.5m이다.

발다키노를 바라보고 왼편으로 조금만 가면 구겨진 대리석 조각이 인상적인 조각상을 쉽게 찾을 수 있는데 교황 알렉산드르 7세 기념비이다. 이 기념비는 건축가 베르니니의 마지막 작품으로서 교황 알렉산드르가 선종하자 그분에 대한 감사와 존경을 담은 작품이다.

구겨진 것처럼 보이는 대리석 장막 사이로 해골이 모래시계를 교황에게 보여주는데 이것은 이제 시간이 다 되었다는 것을 나타내고 있다. 그러나 죽음을 상징하는 해골은 정작 자기의 머리는 장막으로 가리고 해골이 전하는 죽음의 메시지를 누가 봤는지 확인하지 않고 있다. 그 이유는 때가 되면 지위고하를 막론하고 누구든지 다 이 세상을 떠나야 한다는 것을 암시하고 있는 것이다. 교황에 발아래 왼쪽에 자신의 아이가 아닌 다른 아이에게 젖을 물리고 있는 여인은 사랑, 진리, 정의를 상징하고 있다. 교황의 발아래 오른쪽에 앉아있는 여인의 얼굴을 보면 슬픔과 비탄에 잠겨있는 모습이고 그 여인의 왼발은 지구본 위에 올려져 있다. 그런데 그녀의 발을 보면 커다란 가시가 그녀의 엄지발가락을 찌르고 있는데 그 가시의 위치가 지구본 상에서 영국에 위치하고 있다. 바로 가톨릭에서 나간 영국 성공회를 상징하고 있는 것이다.

그리고 성당 곳곳을 살펴보면 큰 그림들이 벽에 걸려있는 것을 볼 수 있을 것이다. 그러나 그 그림들은 그림이 아니라 엄밀히 말하면 모자이크이다. 가까이에서 자세히 살펴보면 조그만 돌조각들이 붙어있는 것을 볼 수 있다. 그림을 오랫동안 보존하기 위한 방법인데 그 정교함이 정말 너무나도 놀라울 뿐이다. 그리고 그림 아래에는 밀랍으로 보존된 교황님들이 유리관 안에 모셔져 있다.

이제 성당 밖으로 나가면 엄청나게 큰 광장이 눈에 들어올 것이다. 바로 성 베드로 성당이다. 성당을 등지고 성 베드로 광장을 바라본 후 오른쪽 계단으로 내려가면 마치 피에로처럼 알록달록한 전통 옷을 입고 경계근무를 서고 있는 사람들이 보일 것이다. 바로 바티칸시국의 근위병들이다. 그런데 이 근위병들은 특징이 있는데 일단 모두 스위스인들이다. 그리고 스위스군사학교를 졸업해야 하며 키는 175cm이상이어야 한다. 그런데 왜 스위스인들이 바티칸시국을 지키느냐 하면 1506년 교황 율리우스 2세 때 창단된 스위스 근위대는 1527년 5월 6일 신성로마제국이 침략했을 때 다른 사람들은 자기 목숨을 부지하기 위해 도망쳤지만 스위스 근위병들은 끝까지 남아서 거의 몰살되는 희생을 치르면서까지 당시 교황이었던 클레멘스 7세를 지켜냈다. 이 일로 인해 스위스 근위병는 지금까지도 교황청을 수호하는 영광을 얻게 된 것이다. 스위스 근위병들이 입은 알록달록한 옷은 미켈란젤로가 디자인한 옷이다. 그가 마음 편히 예술 활동을 할 수 있도록 지원해 준 메디치 가문의 문장을 디자인으로 형상화한 것이다. 조각에 그림에 게다가 패션디자인까지… 미켈란젤로는 천재 그 이상인 것 같다.

근위병들을 보고 광장 쪽으로 이동하면 오른쪽에 노란색 건물이

있는데 바티칸 우체국이다. 혹시 집으로 편지나 엽서를 보낼 일이 있
다면 이 우체국을 이용하는 것이 좋다. 로마의 우체국은 우편사고가
많이 일어나기로 유명하지만 바티칸 우체국을 우편사고가 많지 않다.
엽서나 우표가 없다면 우체국 안에서도 판매를 하니 엽서를 사서 한
국으로 보내는 것도 좋은 추억이 될 수 있을 것이다. 만약 여행이 막
바지에 이르렀다면 한국에 도착해서 엽서를 받아보게 될 텐데. 한국
에서 읽어보는 내가 유럽에서 쓴 엽서… 정말 색다른 추억이고 경험일
것 같다. 우체국을 등지고 정면에 두 개의 큰 석상이 있는데 바로 6m
높이의 성 베드로 석상과 사도바울의 석상이다.

　이제 본격적으로 성 베드로 광장에 대해 알아보자. 성 베드로 광장
은 교황 알렉산드르 7세의 명을 받아 베르니니가 1656년부터 1667년
까지 11년에 걸쳐서 만든 곳이다. 광장은 위에서 내려다보면 가운데가
불룩 튀어나와 마치 열쇠처럼 보이는데 성 베드로가 받은 천국의 열
쇠를 떠오르게 된다. 또는 이곳에 사람들이 모여 있을 때 마치 큰 팔

로 이들 모두를 안아주고 있는 느낌을 받기도 한다. 광장에서 성 베드로 대성당을 바라보면 제일 꼭대기에 쿠폴라(돔)이 있는데 미켈란젤로가 설계한 작품이다. 그런데 처음에는 미켈란젤로의 쿠폴라가 광장에서 잘 보이지 않았다. 그래서 베르니니는 완만하게 경사지게 만들어서 성당 앞에서 거행되는 종교 의식을 잘 볼 수 있게 함과 동시에 쿠폴라도 눈에 잘 들어올 수 있도록 하였다. 쿠폴라 아래 성당의 기둥 위에 서 있는 높이 6m의 성인상들은 예수 그리스도를 중심으로 세례요한과 11제자들인데 예수 그리스도의 첫 번째 제자인 성 베드로의 석상은 아래에 있기 때문에 그 자리에 세례요한이 서 있는 것이다. 그런데 이들은 제각각 손에 무엇인가를 들고 있다. 바로 자신이 순교를 당할 때 자신을 처형했던 도구나 무기를 손에 들고 있는 것이다. 성당을 바라보고 가장 오른쪽에는 예수 그리스도를 팔아넘긴 가롯 유다 대신에 제자로 뽑힌 사도 마티아의 석상이 서 있다.

광장 가운데에는 둥근 회랑이 양 옆에 있는데 이 회랑에는 둥근 원주형의 도리아식 기둥이 284개가 있고 벽에서 돌출된 기둥이 88개가 세워져 있으며 바닥에서 회랑 천장까지 높이는 16m에 이른다. 회랑 위에는 높이 3.24m의 140명의 성인상이 세워져 있다.

광장 가운데에는 오벨리스크와 두 개의 분수가 있는데 오벨리스크를 바라보고 왼쪽의 분수는 마데르노에 의해서 제작되었고 오른쪽의 분수는 베르니니에 의해서 제작되었다.

이 두 개의 분수는 아주 아름다운 디자인을 자랑하고 있지만 단순한 아름다움만을 위해 만든 것은 아니다. 성전에 들어가기 전 물로서 자신의 몸과 마음을 정결케 한다는 의미를 담고 있는 것이다. 실제로 예전에는 이곳으로 성지순례 온 사람들은 이 분수대의 물을 손으로 떠서 자신의 머리위에 뿌리고 성당 안으로 입장하곤 했다.

성 베드로 광장에서 가장 눈에 잘 띄는 오벨리스크는 칼리굴라 황제가 37년 이집트에서 로마로 옮겨와서 자신의 경기장에 세워놓은 것이다. 그 후 칼리굴라 황제의 경기장이 네로 황제의 경기장으로 바뀌면서 오벨리스크는 자연스럽게 네로황제의 경기장을 장식하는 상징물이 되었다. 그 후 약 300여년의 기독교 박해기간동안 수많은 기독교 신자들이 이곳에서 순교하였고 성 베드로 성당의 상징인 성 베드로 역시 이곳에서 십자가에 거꾸로 매달려 순교하게 되었다. 그 후 교황 식스투스 5세의 명을 받아 1586년 4월 30일 오벨리스크는 성 베드로 대성당의 광장 한 가운데에 옮겨 세워지게 되었다. 당시 이 거대한 오벨리스크를 옮기기 위해 당시의 건축가 도메니코 폰타나가 책임자로 선임되어 900여명의 인부들과 140마리의 말 그리고 47대의 권선기를 동원하여 광장에 세우는 데까지 약 130여일정도의 시간이 소요되어 1586년 9월 10일에 작업이 완료되었다.

성 베드로 광장에 세워진 오벨리스크를 자세히 보면 일반적인 오벨리스크와는 달리 탑 전면에 상형문자는 사라져버렸고 꼭대기에는 기독교를 상징하는 십자가를 세워놓았다. 오벨리스크 위의 십자가의 뜻은 초기에 로마에서 박해받던 그리스도교가 콘스탄티누스 황제 때 종교의 자유를 얻고 테오도시우스 황제 때는 그리스도교가 국교가 되면서, '박해받던 그리스도교가 이교를 물리치고 우승했다' 하는 의미도 담고 있다고 하고, 원수까지고 사랑하는 예수 그리스도의 사랑을 널리 전파하려는 의미도 담고 있다고 하나 개인적으로 아무리 생각해도 이건 아닌 것 같다. 자신의 종교적인 이념을 위해 다른 종교를 무시하고 탄압하는 이런 행위. 이러한 행위는 아무리 멋있게 포장하려 해도 이집트인들이 숭배했던 태양신을 모독하고 있는 당시 기독교의 오만함이 느껴진다.

오벨리스크 주변 바닥에는 'CENTRO DEL COLONNATO'라고 쓰인 타원형의 검정색 발판이 있는데 이 발판에 올라가서 회랑을 바라보면 4줄로 되어있는 원기둥이 하나로 겹쳐보여서 화려하고 웅장한 광장 안에서도 그만의 통일성을 강조한 모습을 느낄 수 있다.

광장의 끝으로 가면 긴 대로가 보이는데 이 길을 따라 직진하면 흑사병을 물리친 천사 미카엘이 있는 곳이자 전쟁이 일어났을 때 교황들의 피난처로 사용했던 산탄젤로 성(천사의 성)이 보이게 된다. 성 베드로 광장에서부터 천사의 성까지 연결된 이 길을 화해의 길이라는 뜻의 '비아 델라 콘질리아치오네'라고 부른다. 이 길은 1929년 로마 교황청과 이탈리아 정부가 맺은 라테란 협정을 기념하기 위해 만들어진 도로이다. 걸어서도 충분히 갈 수 있는 곳이기 때문에 바티칸시국 탐방을 마치고 한번쯤 다녀오는 것도 좋을 것 같다. 성 베드로 광장을 나서면서 바닥에 그어진 흰 선을 찾아보자. 바로 바티칸시국과 이탈리아의 국경선이다.

바티칸시국에서의 일정을 정리해보자.

바티칸시국에서 가장 인상 깊었던 것은?

서유럽 4개국 문화탐방 보고서

소속(학교 혹은 직장)		이름	
탐방일자			
탐방국가			
탐방인원			

이번 탐방(여행)을 하면서 가장 좋았던 점과 아쉬웠던 점, 그리고 새로 알게 되었던 점이나 느낀 점을
한번 작성해보세요.
꾸준히 작성한 탐방일지 또는 여행일지는 앞으로 여행하는데 돈주고 살 수 없는 세상에서 하나뿐인
자신만의 큰 자산이 될 것입니다.

—